图书在版编目（CIP）数据

银龄之春 ：养老建筑设计 ／（美）马克·蒂尔顿，（美）程松编；
葛晓琳，尚飞译 . — 沈阳 ：辽宁科学技术出版社，2018.10
　　ISBN 978-7-5591-0773-2

　　Ⅰ．①银…　Ⅱ．①马…　②程…　③葛…　④尚…　Ⅲ．①老年人
住宅－建筑设计　Ⅳ．① TU241.93

中国版本图书馆 CIP 数据核字（2018）第 132300 号

出版发行：辽宁科学技术出版社
　　　　　（地址：沈阳市和平区十一纬路 25 号　邮编：110003）
印　刷　者：深圳市雅仕达印务有限公司
经　销　者：各地新华书店
幅面尺寸：215mm×285mm
印　　张：16.5
插　　页：4
字　　数：220 千字
出版时间：2018 年 10 月第 1 版
印刷时间：2018 年 10 月第 1 次印刷
责任编辑：鄢　格
封面设计：关木子
版式设计：关木子
责任校对：周　文

书　　号：ISBN 978-7-5591-0773-2
定　　价：288.00 元

联系电话：024-23280070
邮购热线：024-23284502
E-mail: Orange_designmedia@163.com
http://www.lnkj.com.cn

银 铃 之 春
养 老 建 筑 设 计

（美）马克·蒂尔顿　（美）程松 编

葛晓琳　尚飞 译

辽宁科学技术出版社
·沈阳·

老年住宅设计与生活方式规划

一个成功的老年居住社区在规划之初就必须考虑各种设计准则以满足居住者的需求及整体的正常运转。每项决策都应以社区发展的长期目标为重点并以居民的身心健康及社交互动为核心，如：财务的可持续性及战略性增长、居民生活方式的多样化。

设计第一步即为整体规划。其犹如一张空白画布，在秩序和规模的基础上赋予建筑勃勃生机。一个成功运营并充满活力的老年社区远远超过砖石砌筑的建筑本身，更体现在合理的空间结构安排所带来的自由感和独立性以及为居民创造的适于社交活动的机会。

设计团队需考虑以下准则以最大限度满足社区居民的生活体验。

空间秩序：一个社区的主题应从入口开始体现——从来客迈进大门，穿过门厅，来到餐厅，走进卧室，构建一个强烈的秩序感，让人从步入这里开始便能体会到其舒适的生活方式。

导视系统：社区动线设计应激发出居住者对于安全性、舒适性、参与性和幸福感等方面的共鸣。首先，入口标识要醒目——鲜明的导视系统对于来访的客人和新的居住者至关重要，但其设计要恰到好处，不能喧宾夺主。社区标识被视作建筑元素，应能够突出社区主题。另外，应设有单独的车辆入口，以免与行人入口相互混淆。

环保设计：设计师应不断寻求可持续设计方式，如集水、地热、绿色屋顶、太阳能等。最大限度提升建筑内外之间的联系，提供舒适的家具，更为重要的是促进与自然之间的和谐共处；创造令人印象深刻的室外空间，如花园、就餐区、健身区以及聚会区等，让居住者能够在优美的自然环境中接人待客或是聚会交流。

纯正的社区生活方式：老年社区应激发出居住者对于活跃生活方式的美好愿景，因此在设计上应突出永恒性，将不同建筑元素融合，在质感、色彩和品质上得以加强。好的景观和灯光设计能够与建筑和空间相得益彰，而建筑单体结构之间的

合理安排也能够使自然景象最大化地得以利用，从而加强与自然之间的联系。必须密切关注居住单元朝向——尽量朝向社区内便利设施，减少朝向停车场、建筑屋顶或其他阻挡视线的结构。在规划过程中应设立机动车道和停车区，避免与人行道发生冲突。

文化关联：每个养老社区都是独一无二的，更是周围社区文化的产物。目前入住老年社区（美国）的一代（婴儿潮一代）需要更独特的护理方式，他们更加注重身体健康，通过合理的饮食和锻炼，其寿命也会更长。因此，他们会一直居住在这里，会根据身体状况对居住空间进行适当调整。

婴儿潮一代并不赞同传统的养老社区模式，他们在不断寻求新的选择。多数人会继续选择生活在市区，利用周围便利的服务设施以及既有的人际关系；有一些也会选择附近有大学的老年社区，以便于继续学习。总之，他们都是在寻找集舒适性和美观性为一体的养老环境，因此以社会活动为核心打造活跃老年社区尤为必要。同时，这一代人非常注重对自然环境的影响（他们设立了"地球日"），他们在选择老年社区时，奢华的生活不是他们的第一需求。

灵活性和市场性：规划养老社区应考虑提供多样性选择，这样便于吸引年龄跨度较大的居住群体。同时，更要确保灵活性，以满足不断变化的市场需求，如将居住单元进行合并或拆分、将独立居住区改造成辅助生活区等。

人行通道连贯性 / 步行环境：设立多个人行通道和室外区域，从而构建友好的步行环境，促进居民之间的交流和互动，这对于个体身心和整个社区健康发展都是非常重要的。

社交与融合：构建一个居住者和访客能够自由探索、交流和互动的社区环境格外重要，让其能够享受陪伴带来的乐趣。充分利用活动空间周围现有的设施打造花园、露台、广场和喷泉，为居民之间的交流提供场所，从而促进身心健康。这一规划允许将人行通道、活动区域和住宅区连通，充分利用走廊和安全通道。此外，在规划过程中应考虑设立室外活动区域，方便居民交流和聚会。

身心健康：室外空间在设计上应考虑老年人对尺度、质地、光线和声音的特殊敏感度，在道路沿线打造迷人的景观，建立与自然的联系，从而达到自然治愈的效果，例如流水的景象和声音是自然界中极具治愈效果的元素，因此在任何场所都备受欢迎。

治愈设计理论最初由 E·O·威尔森提出。他认为人类与自然存在内在的关联，与自然的密切接触能够让身体受益。通过恰当的规划在室内外空间之间建立联系，从而为居住者、访客和员工提供舒适的环境即为对这一理论的最佳诠释。

目　录

世界不同地区养老模式及养老建筑类型概述

世界的老龄化

·60 ～ 65 岁和老龄化社会

联合国在 1956 年委托法国人口学家皮斯麦（Bismarck）撰写并出版了《人口老龄化及其社会经济影响》一书，是以 65 岁作为老年的起点。

1982 年召开第一届联合国"老龄问题世界大会"，为了把发展中国家情况和发达国家相比较，将老年人口年龄界限下移至 60 岁。现在，国际上 60 岁及 65 岁并用作为老年人口年龄的界限。（如图 1 ～图 6）

图 1 ～图 6 老龄化社会图注

1.60~65 岁 老年人口
2.年轻化成年型社会：65 岁以上人口占总人口 4% 以下，60 岁以上人口占总人口 4%~7%
3.老龄化社会：65 岁以上人口占总人口 7% 或 60 岁以上人口占总人口 10%
4.高龄社会：65 岁以上人口占总人口 14%
5.2050 年，老年人与非老年人比例为 1：5
6.老龄化进程

至 2050 年，老年人与非老年人的人口比例将从现在的 1 ：9 增加至 1 ：5，世界老年人口将近 20 亿。

美国养老模式及养老建筑类型简述

美国　　　持续照料型退休社区

美国现在的老人可以划分为三个主要的世代，他们已经住在老年社区里或者正在入住。第一代叫作"最伟大的一代"，是 1901 年到 1924 年间出生的人，这代人参与了二次大战，主要居住在佛罗里达州、亚利桑那州和加利福尼亚州，他们是下面将要谈到的第三代老人的父母。第二代是"沉默的一代"，是 1925 年到 1945 年出生的人，这部分人已经住进了养老院。第三代是"婴儿潮时代"，是 1947 年以后出生的人，他们是第一代老人的后代。婴儿潮一代强调积极健康的生活方式，过去几年他们已经对活跃老人社区发展带来巨大影响，这种生活方式对养老规划设计的影响包括养老社区构成、社区建设地点的选择是靠近乡村还是市区，如何将市区与普通社区结合，以及与餐饮娱乐设施的结合。

图 7、图 8 美国人生规划社区示例

美国老年住宅大概分为以下 6 种类型，见表 1。

表 1 美国老年住宅类型及特点

序号	养老住宅类型	主要特点
1	活跃老人住宅	要求入住者至少有一位是 55 岁以上，他们对老人的吸引力是自己不用维护房子，有完善的配套设施
2	自理型老年住宅	一般是服务 62 岁以上的老人，他们的日常生活完全可以自理。这种住宅提供的配套服务包括打扫屋子、提供饮食和相应的服务设施，这种可以是政府资助的低收入住宅
3	半自理老年住宅	协助型老年住宅。提供更高一级个人需求护理，包括帮助穿衣、提醒吃药和在需要的时候喂饭等，提供 24 小时护理，包括很多配套设施，设有图书室和绘画室等
4	养护型老年住宅	是为需要 24 小时护理的老人准备，他们一人一间房或者合住，早期这种住宅按照医院模式建设。现在有一种新的模式，称作"温室建筑"
5	患老年痴呆症老年住宅	要求在 24 小时内提供持续照料，同时鼓励老人自理生活
6	持续照料退休社区	把以上住宅集中在一个社区里面，让老人随着年龄的增长在一个社区里就可以转换居住类型

· 可借鉴经验

按需开发不同类型的老年住宅模式。在美国，专家认为理想的老年居住建筑应该是允许老年人自由且独立生活，并提供必要的协助，而不应该一切包办，否则会降低老年人的活动能力，加速老化进程。美国在老年住宅设计和管理上非常重视人文关怀，在老年住宅设计和建造方面，充分考虑到老年人的生理及心理特点，既方便其使用，又不至于使其感到孤独和无用。这些方面都是非常值得借鉴的。

图 9、图 10 美国退休社区示例

图 11、图 12 德国老年住宅示例

欧洲养老模式及养老建筑类型简述

| 德国 | 相互扶持式社会养老 |

德国是世界上最早由国家涉及养老保障的国家，社会福利费用占国民生产总值的约30%。德国老年人住宅模式以身体健康状况分类，包括以下5种类型，见表2。

表2 德国老年住宅类型及特点

序号	养老住宅类型	主要特点
1	社会住宅	近似于老年社区，面向低收入健康老人，不提供日常生活服务，由政府提供优惠政策及补贴
2	老年公寓	近似于普通住宅
3	养老院	面向生活自理能力较弱的老年人，提供一定的生活援助、照料。规模通常在80～150人
4	护理院	面向慢性病患者及生活不能自理的老年人，提供生活医疗护理服务
5	综合机构	将老年公寓、养老院、护理院的功能组成一体综合运作，能使老年人随着年龄的增加，身体状况的弱化，也能得到连贯的生活照料服务

·可借鉴经验

共享服务设施和医疗设施比较适用于社区分期管理和报批，这是中国老年社区
建设中比较值得借鉴的服务理念。

英国　　　　　　　　　社区照顾模式

英国养老保证制度建立于1908年，由政府立法，强行执行，范围是全体公民。
英国老年住宅注重家庭氛围，小型居多，主要分为以下4种类型，见表3。

表3　英国老年住宅类型及特点

序号	养老住宅类型	主要特点
1	独立生活住宅	不提供日常生活服务，一般规模不到20户
2	集中生活住宅	提供日常协助和突发事件应对，属于最低限服务，一般25至35户
3	生活辅助住宅	面向生活能力稍差的老年人，有公共餐厅，24小时值班监护，一般40户左右
4	养老院	面向生活不能自理的老人，提供生活服务、护理服务、医疗服务等，规模从15人到100人

· 可借鉴经验

英国的养老住宅在进行组院式养老别墅的开发和小规模老年社区开发中值得借鉴，其中集中生活住宅、养老院的理念可以在中国老年社区中进行尝试。

法国   社区上门服务模式

法国在1945年10月由政府指定了社会保障制度，退休年龄上限为70岁。法国居住普通住宅的老年人达94.5%，生活照料由社区家庭服务人员提供上门服务，业余生活依靠社区老年俱乐部。其养老建筑大致包括以下4种类型，见表4。

图13、图14 法国养老院示例

表4 法国老年住宅类型及特点

序号	养老住宅类型	主要特点
1	生活辅助设施	面向生活自理老人，一般设于居民区内，分为公立和私立，房费自理，收费低，提供文化生活和一般医疗保健服务
2	老年公寓	老年人合住的场所，分为单人间、双人间和三人间，有完善的服务设施
3	护理院	面向生活不能自理的生病老年人，生活医疗服务设施完善
4	疗养院	以康复医疗为主，介于养老院和医院中间的机构

· 可借鉴经验

法国的老年酒店式公寓可作为国内度假养生中心理念，提出适合国情的老年住房模式。

| 瑞典 | 政府服务模式 |

瑞典的养老制度较为完善，各级政府为老人安度晚年提供保障。瑞典的老年住宅模式主要包括以下 5 种，见表 5。

表 5 瑞典老年住宅类型及特点

序号	养老住宅类型	主要特点
1	普通住宅	经济能力较强，拥有私人住宅或租房的老年人，由社会福利委员会提供看护、帮助和其他服务
2	老年专用公寓	设立在普通公寓中的老年人专用住宅单元，配备管理人员，由社会机构提供上门服务
3	服务住宅和家庭式旅馆	设置多套住宅单元，厨卫独立，公共服务以维持老年人的独立生活为目标，提供自由选择的生活支持服务，规模小型化
4	老人之家	面向高龄体弱老年人，公共设施家居化，24小时监护。典型的单元是一个单人房间，带卫生间。许多还建有公共餐厅、休息室、图书馆等
5	公立养老院、老人慢性病医院	由地方政府提供，1979 年之后，出现以康复为中心的单人间新型慢性病房

- 可借鉴经验

瑞典的老年住宅模式比较完善，但维护费用相对较高，其中老年专用公寓的理念在老年住宅模式中可以广泛应用。

| 丹麦 | DIY 养老社区 |

丹麦是一个社会福利体系良好的国家，其养老服务走在世界前列。在丹麦，养老建筑包括以下 3 种类型，见表 6。

表 6 丹麦老年住宅类型及特点

序号	养老住宅类型	主要特点
1	家庭养老	能自主行动的老人就在家中养老
2	养老公寓	精神或身体上有缺陷的老人需要专业的辅助设备
3	养老院	身体或精神上有永久性缺陷的老人以及需要全面的帮助、护理、照顾或治疗的老人需入住养老院

- 可借鉴经验

总体来讲，丹麦养老模式的特点是简约实用和高效。在建筑设计（简约设计重视细节）、产品设计（安全可靠便于操作）、运营理念（重视自身参与与按需分配）和护理服务等方面值得借鉴。

亚洲养老模式及养老建筑类型简述

| 日本 | 小规模多功能养老社区 |

众所周知，日本是高度老龄化国家。自 20 世纪 80 年代中期，日本已经迈向老龄化社会，2004 年，日本人口达到历史最高的 1.2779 亿，2005 年，65 岁以上的老人占全国人口的 20.1%，预计 2050 年将达到 35.7%。

日本养老住宅分为"机构"和"住宅"两类。其中"机构"包含以下 8 种模式，见表 7。

表 7 日本养老"机构"类型及特点

图 15、图 16 日本养老社区示例

序号	养老机构类型	主要特点
1	护理疗养型医疗设施	主要为需要医疗或特别护理的老人服务，类似于中国的公立养老院或敬老院等机构
2	老人保健设施	
3	特别养护老人住家	
4	养护老人住家	
5	低收费老人住家	主要为生活不能自理、患有疾病及高龄老人服务
6	收费老人住家	
7	患有老年痴呆症高龄者集体住家	
8	高龄者生活援助住屋	

"住宅"包含以下 4 种模式，见表 8。

表 8 日本养老"住宅"类型及特点

序号	养老住宅类型	主要特点
1	面向高龄者住宅	入住对象一般为 60 岁以上且生活能够自理的健康老人。第一种是当前经营者倾向住宅类中具有代表性的模式
2	年长者住宅	
3	自由产权住宅	入住老人可能需要轻度照顾
4	银发住宅	

· 可借鉴经验

近年来，日本开始推进"住宅适老化"，不断发展大型社区。这些社区并不是让老人集中居住，而是能够让各种年龄层的人在一起居住，利于两代人之间的互相照料和扶持。这一新的老年问题解决方案，值得中国借鉴。

新加坡　　　　DIY（自助）养老社区

据相关统计，新加坡 60 岁以上的老年人约占总人口的 20%，是亚洲人口老龄化速度较快的国家之一。虽然新加坡是 2000 年前后才进入老龄化社会的，但早在20 世纪 50 年代新加坡政府便开始着手解决老年人问题。1955 年，中央公积金制度的建立，标志着新加坡制度性老年社会保障的开始，此后公积金制度不断完善，各项老年救助措施相继出台，为老年人提供了养老、住房等全方位的保障。

新加坡建屋发展局早在 1998 年 3 月就推出了"乐龄公寓"。"乐龄公寓"一般兴建在成熟社区中,公寓户型一般分为 35 平方米和 45 平方米,为一位或两位老年人提供生活空间。目前主要养老住宅模式包括以下两种,见表 9。

表 9 新加坡老年住宅类型及特点

序号	养老住宅类型	主要特点
1	老年公寓	公寓户型一般分为 35 平方米和 45 平方米,为一位或两位老年人提供生活空间
2	普通自住型老年住宅	户型设计合理化、产品建设标准化

· 可借鉴经验

新加坡的养老条件完善、服务功能齐全、服务人员专业;养老设施现代气息浓郁,科学先进;服务功能上,包含生活照料、康复保健功能以及心理治疗和临终关怀功能,这些方面值得借鉴。

中国   多元化养老体系

据统计,2010 年中国 60 岁以上的老年人口已经达到 1.776 亿,占总人口的 13.26%。据预测,2030 年中国老年人口将达到 2.48 亿,2050 年将达 4.37 亿,届时老年人口的比重将达到总人口的 31.2%,也就是说,每 3 到 4 人中,就会有一位老年人。

图 17、图 18 中国公立养老院示例

目前中国养老模式包括三种：居家养老、机构养老和社区居家养老。养老住宅
主要包括以下 5 种类型，见表 10。

表 10 中国老年住宅类型及特点

序号	养老住宅类型	主要特点
1	现有普通住宅社区	目前中国绝大部分的老年人群愿意生活在熟悉的社区环境。因此将现有的住宅项目对基础设施、生活环境及配套服务上进行适老化改造,更好的适应社区的老龄化趋势
2	新建综合住宅社区	年轻人群和老年人群混合居住的社区,一般来说单个体量较大,处在城市中心外围,交通设施正在逐步完善。混居模式能让子女与父母相互照顾,同时更配备养老服务功能,提供专业的生活辅助和照料看护
3	持续照顾型退休社区	针对老年人需求建立的专门社区,根据不同年龄段和健康水平为社区内的老年人提供自理、借护、介助一体化的居住设施和服务,使他们在一个熟悉的社区度过绝大部分的老年生活时期。这类型社区在建设过程中充分考虑老年人群的生活、精神等全面需求,在后续的养老服务中更要实现个性化和细节化
4	独立型老年公寓	专业化的养老设施,通常需要依托城市的医疗资源,基本位于市区,项目规模一般不大,拥有少于 500 个床位,入住人群是高龄老人及需要照料护理的老人,提供主业护理服务
5	养老院等公立养老机构	政府主导并提供服务

根据中国国情,借鉴国外成熟的老年居住模式,结合各地各城市老人的生活习性,
开发出针对性强的老年人住宅。

蒙特塞德鲁人生规划社区

如何从设计与服务的角度出发，实现退休社区向人生规划社区的转变

类别：人生规划社区 地点：美国，阿尔塔迪纳镇 设计：帕金斯·伊士曼事务所 摄影：埃里克·斯塔迪梅尔，萨拉·麦克林/帕金斯·伊士曼 客户：圣公会社区与服务公司 占地面积：32,536 平方米 建筑面积：39,143 平方米

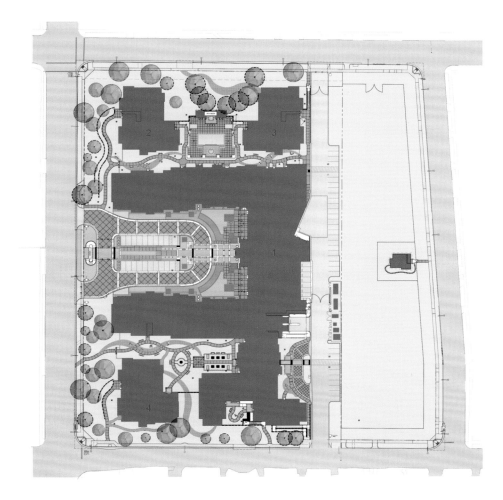

总平面图
1. 主楼
2. A 栋别墅
3. B 栋别墅
4. C 栋别墅

项目背景

蒙特塞德鲁（MonteCedro）是一个新型社区，坐落在南加利福尼亚州阿尔塔迪纳山麓。园区占地 32,536 平方米，地域开阔，景色宜人。这一项目隶属于帕萨迪纳的圣公会社区与服务（ECS）机构，于 2016 年 2 月正式启用。在整体设计、便利设施以及综合关怀方面，其可谓高级护理社区最先进、最高端的代表。在设计公司与客户的领导下，共生因素得以有效整合，成就了全美首屈一指的根据行业分类的新型社区——"人生规划社区"。这也是 20 多年来在洛杉矶郡建成的第一个"人生规划社区"。

设计策略

在从"终生关怀退休社区（CCRC）"向"人生规划社区"转变的过程中，整个老年护理行业所带来的不仅仅是名称的改变，更标志着文化浪潮的演变。对于护理提供者的区分，已更专注于服务水平及其为居民提供的便利设施多样性，而非仅仅关注老年人按需接受护理的物理空间。通过这一特殊性可以发现，蒙特塞德鲁（MonteCedro）体现了人生规划社区所应提供的一切。

蒙特塞德鲁社区（MonteCedro）建筑极具特色，
诸如赤陶屋顶瓦片、拱廊、私人阳台、木质
与铁质的建筑细节以及外露的支撑梁等相得益
彰，让人不禁想起加州使命风格元素和西班牙
殖民复兴图案。此种风格与地区特色相呼应，
同时为新来的南加州居民营造了舒适的感觉。

社区包括 186 间全新的独立生活空间，包括
54 栋别墅，被露天泳池和阳台环绕。社区内
提供辅助生活或记忆保障支持，以及协同家庭
护理服务。

蒙特塞德鲁社区（MonteCedro）为65岁以上的不同年龄的居民提供持续关怀，满足护理需求，并强调提供包括每天餐饮、娱乐、健身等所有服务供居民选择。

人生规划社区与终生关怀退休社区（CCRC）的定义相似，但是新名称整体更强调融入更大的社区，包括社会责任与回馈，确保居民保持积极的生活态度与社交的能力，而这一点通过开放式设计、充足的户外空间与嵌入日常生活中的多项选择得以实现。

同时，社区内为居民提供了3种不同类型的餐饮选择：站8酒吧与休闲室、Marcell's Restaurant美食餐厅以及3者中最大的Off Lake Bistro休闲餐厅。每天固定时间到自助餐厅用餐的时代已经过去，按照规划与选择的理念，居民可以随时随地用餐。

这些年来，ECS咨询了许多居民意见并汇成共识："我们希望生活在自己家里，同时，在我们需要的时候，随时获得照顾和服务。"社区通过精心设计来回应这种需求。

室内设施包括健身中心、艺术工作室、鸡尾酒餐厅、精致休闲餐饮场所、图书馆、沙龙和电影院等。对于每个项目单独而言，这些设施在此种类型的社区中并不少见，但将其作为整体进行精心规划，并融入对地区主题和建筑传统的敬意，无疑为有能力并希望继续自己特有人生道路的人提供了优越的家庭环境。圣公会社区与服务首席运营官特里·奎格利（Terry Quigley）表示："我们让居住在这里的人们有机会按照他们的人生意愿生活，并让他们继续以所需要的任何形式享受充实生活、教育和个人成长所带来的机会。这里的居民能够像在家里一样，得到想要的东西，去到想去的地方。"

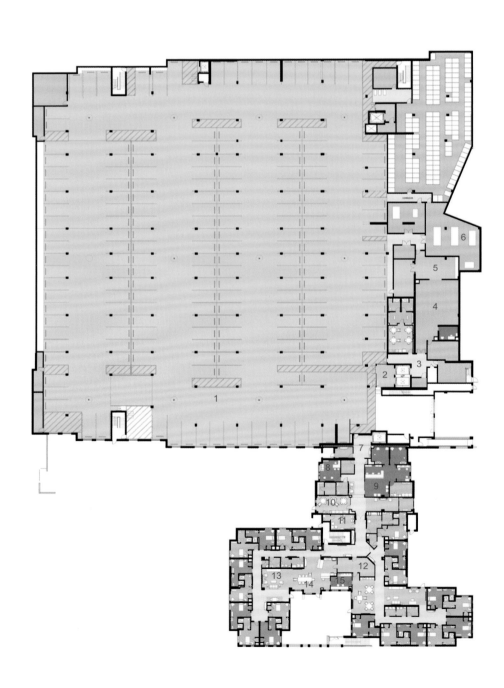

一层平面图（主楼）

1. 车库	9. 护理区
2. 电梯间	10. 活动区
3. 走廊	11. 美容区
4. 维护设备存储间	12. 厨房
5. 工作室	13. 起居室
6. 冷冻设备间	14. 餐厅
7. 大堂	15. 餐具间
8. 医疗服务区	

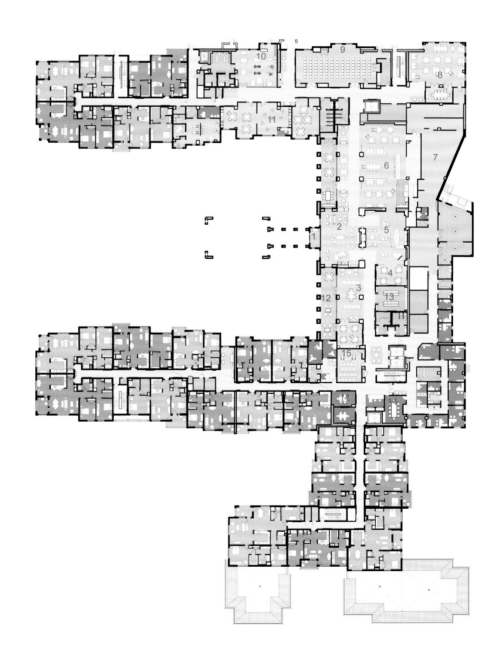

二层平面图（主楼）

1. 前庭　　9. 礼堂
2. 大厅　　10. 健身房
3. 图书馆　11. 工作室
4. 保健室　12. 门廊
5. 吧台区　13. 住户市场
6. 餐厅　　14. 会议室
7. 厨房　　15. 剧院
8. 宴会厅

三层平面图（别墅）

1. 露台
2. 主卧室
3. 起居室
4. 餐厅
5. 厨房
6. 电梯间

春湖镇

如何通过设计在空间中实现社交、情感、精神、环境、职业、智力与身体的联结

类别: 人生规划社区 地点: 美国,圣罗莎 设计: 帕金斯•伊士曼建筑事务所 摄影: 克里斯•库珀、萨拉•麦克林/帕金斯•伊士曼建筑师事务所 客户: 圣公会老年社区 建筑面积: 17,617 平方米 (新建), 5,568 平方米 (翻修)

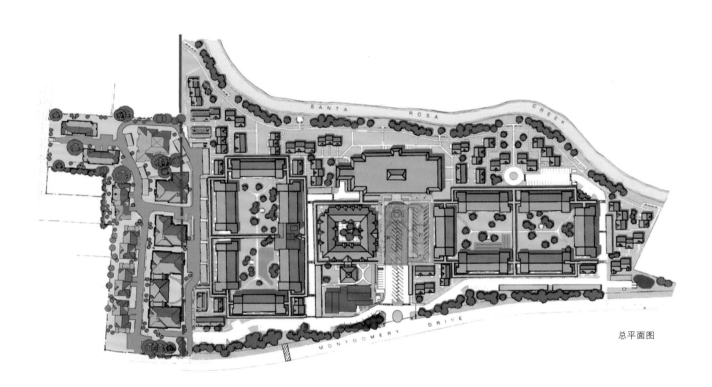

总平面图

项目背景

春湖镇是一个 26 英亩的生活规划社区,坐落于气候温和的北加利福尼亚州索诺玛谷葡萄酒乡,距风景秀丽的春湖公园仅几步之遥,目前正在帕金斯•伊士曼(Perkins Eastman)的领导下进行大规模翻修与扩建。作为一个既存的成功的退休社区,春湖镇以良好的社区关系和高质量的医疗保健闻名。现阶段正开始推出一系列新的产品、设施以及整体健康的社区生活方式,这将吸引活跃的成年人,并将超过未来居民的期望。

设计策略

这一转型实际上更多的是社区再造。在早期阶段,当下的老年护理是一个盛行的议题;居民同时注重自身的独立性与一个更大的社区所带来的收益。基于这一观点,现有的主园区被重新开发,包括一个新的健身 / 礼堂建筑、新增并整修镇中心大楼、一个新的公共空间,并升级到社区照明、停车场、景观和公用事业等。社会、情感、精神、环境、职业、智力和身体等七个维度,以及与之相关的目标,已成为社区转型所依托的中心主题。

除了扩大生活独立性,老年社区需要一个辅助生活记忆恢复功能,用以完善其住房供给。为满足这一需求,设计团队将郊区一栋较大建筑的一部分改为新型家庭护理模式。一个室外庭院、一个新建的封闭花园与部分餐厅区域相连接,居民现在可以更方便地享受餐饮和娱乐设施。

对于全新的西格罗夫园区，为扩大春湖镇的独立生活供给而推出了别墅。这一扩建项目包括 3 栋两层楼高和 1 栋三层楼高的别墅，共包含 50 间独立公寓；外加一系列两层楼高的小型村舍，包含 12 个独立生活公寓。在地下停车库上建有一个更大的 22 个单元的别墅，带有花园庭院入口。

园区里面建有新礼堂和健身中心。其地理位置优越，连接了园区各大主要位置，支持延续性护理社区理念，推进人口健康的七个维度。在镇中心进行户外用餐可以俯瞰滚球运动场。滚球只是春湖镇所提供的新型休闲活动之一，已经成为居民最喜欢的活动。

西格罗夫的别墅和村舍建筑扩大了春湖镇独立居住住宅的数量。新园区为积极向上的成年人提供了宽敞和美丽的园景社区，有助于实现从单户住宅向延续性护理社区过渡。

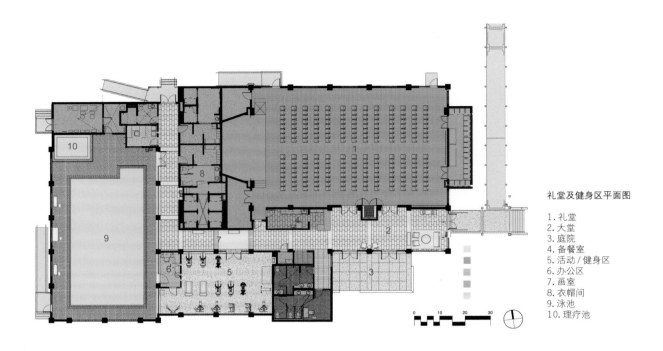

礼堂及健身区平面图

1. 礼堂
2. 大堂
3. 庭院
4. 备餐室
5. 活动／健身区
6. 办公区
7. 画室
8. 衣帽间
9. 泳池
10. 理疗池

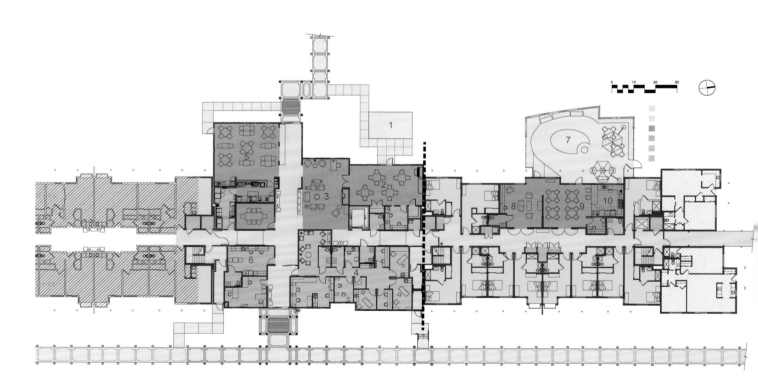

辅助生活区（辅助记忆康复区配套）

1. 庭院	6. 工作间
2. 活动室	7. 漫步花园
3. 起居室	8. 起居室
4. 诊所	9. 就餐区
5. 就餐区	10. 厨房

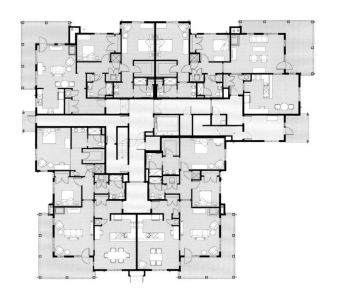

一层平面图（别墅）

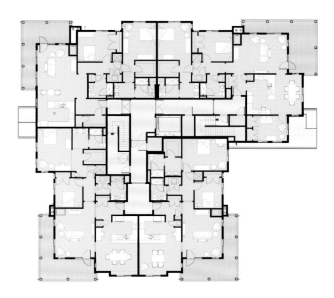

二层平面图（别墅）

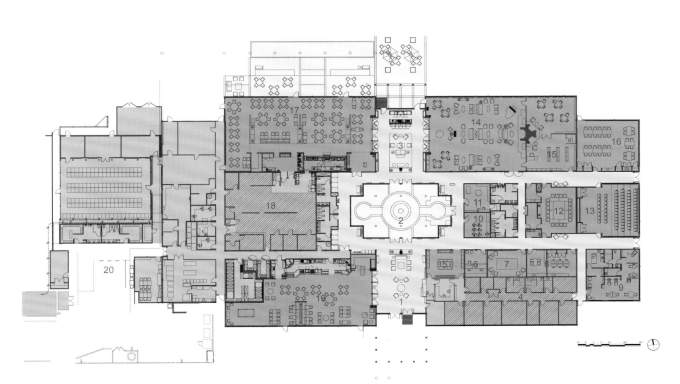

生活中心平面图

1.入口大厅　　　11.商店
2.中庭　　　　　12.会议室
3.俱乐部　　　　13.媒体室
4.管理中心　　　14.礼堂
5.邮局　　　　　15.图书室
6.银行　　　　　16.艺术工作室
7.台球室　　　　17.餐厅
8.手工活动室　　18.厨房
9.水疗／沙龙　　19.市场
10.商务中心　　 20.货物装卸区

对整个社区而言，泳池的迁移和生活中心的创建是一个大胆举措。大型窗户和天窗面板上部的缎带使泳池区域的自然光光照增强。泳池与相邻的宽敞明亮的健身房通过画廊通道相连。这些设计促进居民增强身体活动。

园区现有的艺术室搬迁至中心空间的拐角位置。低窗板的拆除与新的落地玻璃窗的新建，

使户外的阳光照入室内，营造出创造性的工作环境，激发创作灵感。

大厅的修缮为居民提供了举办休闲活动的空间。原有的彩色玻璃窗板镶嵌在定制框架中，并重新安置在画廊中庭的各个角落。新添置的地毯和家具也为大厅增添了和谐与生机。

诺索玛大厅在大型居民聚会和季节性活动中开放,娱乐室则是中心的过渡空间。该空间也用作餐前放松的等候区。

诺索玛大厅以展示烹饪为特色,可以满足大规模的座位需求与私人用餐。新镶板、灯光、窗户等现代家具也扩大了空间,同时吸引习惯休闲用餐与正式用餐体验的居民。

新型辅助生活与记忆支持建筑提供了开放的生活与用餐空间,居民可以在壁炉旁会面、放松,也可以任意享受新建、修缮的户外空间。其他主要设施包括新建门诊医疗、运动区域和水疗 / 美容院。

布拉索斯养老社区

如何创建一个能够丰富退休生活的高端养老社区

类别：人生规划社区 设计：THW事务所 室内设计：室内设计师联盟 摄影：萨金特摄影工作室
地点：美国，休斯顿 客户：布拉索斯老年之家

NORTH

总平面图

项目背景
这一养老社区坐落在景色宜人的休斯顿城区内，以高层建筑为主，提供宽敞的居住空间以及适合老人使用的各项设施。同时，这一社区是对原有人生规划社区的扩建与重新定位。

设计策略
建筑地处自然景观之中，因此设计秉承先进的可持续设计理念，保留原有的庭院和橡树林，增加先进的康养项目，引进多种设施，以此来丰富老人的退休生活。

一层平面图

社区设施包括室内温水泳池、热水浴池、健身中心、瑜伽室、康复诊所、按摩室、表演中心、酒吧、会议室和美容沙龙。

社区内包括一系列适于老年人的生活设施：无障碍通道、残疾人居住空间、平地步行通道、宽阔的人行道、代泊车服务、地下停车场等。限定每层居住空间的数量，以此来减少走廊的长度，便于居住者步行走动。宽大的室内门（宽度为 36 英寸）、开阔的走廊、门口及走廊尽头预留 60x60 英寸的拐角空间、杠杆门把手、超宽停车位、房内紧急呼叫设置以及开放式平面布局都为居住者提供了更大的便利。

威斯敏斯特 – 瑟伯俄亥俄养老社区

如何为老年人营造一种独特的市中心生活方式

项目：老年生活社区 地点：美国，哥伦布 设计：JMM 设计公司 客户：俄亥俄养老社区 建筑面积：46,626 平方米

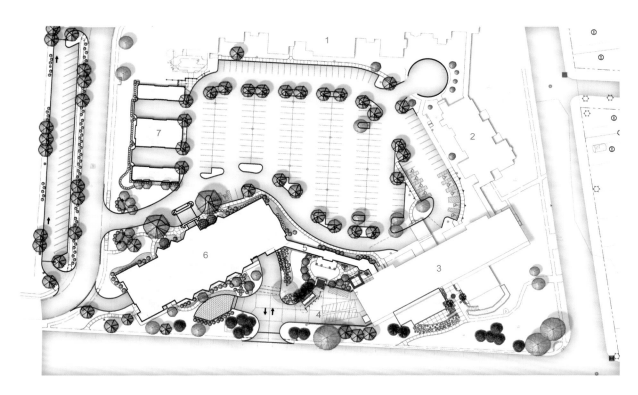

总平面图

1. 原有护理区　　　5. 新建链接结构
2. 原有教堂 / 礼堂　6. 新建公寓
3. 原有建筑　　　　7. 新建停车场
4. 新建庭院

项目背景

威斯敏斯特 – 瑟伯养老社区位于哥伦布市郊，是市区综合老年护理社区模式的典范。近年来，社区规模的不断扩大吸引了对生活独立性与多样性有更强烈需求的老年人。独特的餐饮设施、室内游泳池和室内步行街让日常生活的体验焕然一新。一栋名为"古德尔兰亭（Goodale Landing）"的高层公寓建筑为渴望哥伦布市中心生活方式的老年人提供了最佳选择。

设计策略

"古德尔兰亭"公寓旨在为居民营造奢华舒适、活力十足的都市生活环境。其建筑设计从邻近历史悠久的维多利亚式乡村风格住宅中获得灵感，并将这些特色，如粗面石砌墙体结构等更大规模加以运用，充分彰显当地居住环境。另外，高高的天花板、带有落地玻璃窗的超大起居室、露台、日光浴室等设计让光线更多地照进室内，同时也可以尽情享受室外的壮丽美景。

现代化餐厅和酒吧区域建于生活与艺术中心附近，透过压花玻璃和天花板俯瞰新建的室内泳池，增强了两个高层建筑的共享空间。连接处的画廊通道与庭院，为居民日常交流提供空间。

立面图

为了应对日益增长的老年人居住需求，这一项
目对照料重新定位，探寻各个层级的护理要求，
提高生活质量。

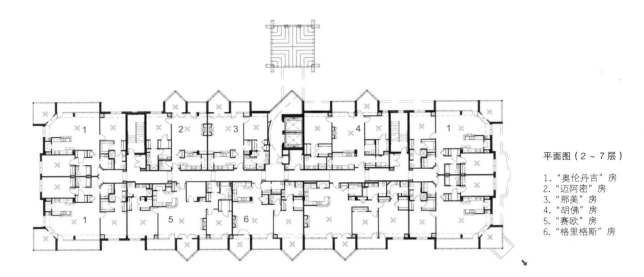

平面图（2～7层）

1."奥伦丹吉"房
2."迈阿密"房
3."那美"房
4."胡佛"房
5."赛欧"房
6."格里格斯"房

顶层平面图

1."里维克"房
2."迈阿密"房
3."哈里森"房
4."莫希干"房
5."赛欧"房
6.交流区露台
7.交流区

屋顶平面图

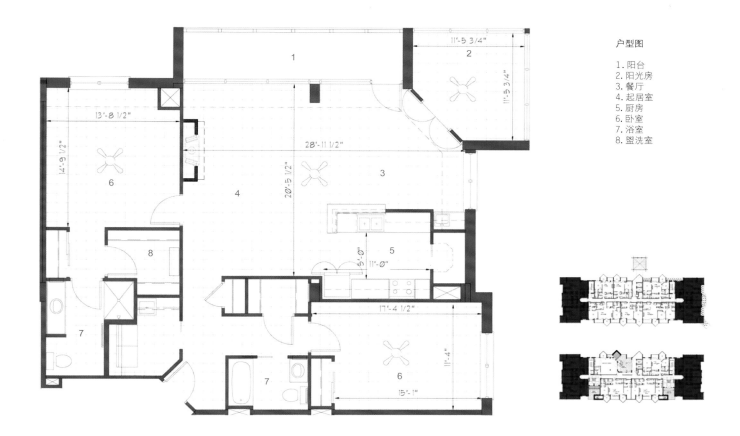

户型图

1. 阳台
2. 阳光房
3. 餐厅
4. 起居室
5. 厨房
6. 卧室
7. 浴室
8. 盥洗室

11'-5 3/4"

11'-5 3/4"

13'-8 1/2"

14'-9 1/2"

28'-11 1/2"

20'-5 1/2"

5'-0"

11'-0"

17'-4 1/2"

11'-4"

15'-1"

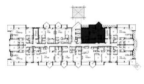

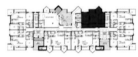

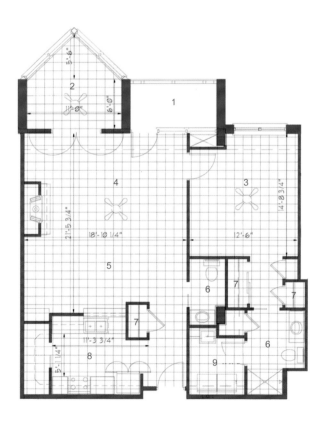

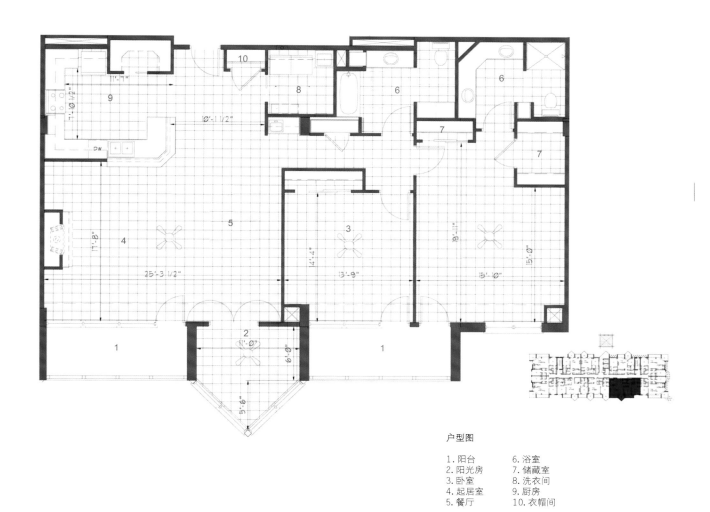

户型图

1. 阳台　　6. 浴室
2. 阳光房　7. 储藏室
3. 卧室　　8. 洗衣间
4. 起居室　9. 厨房
5. 餐厅　　10. 衣帽间

友谊之家

如何将预算最小化同时对自然环境的干扰最低化

类别：人生规划社区（78 个新建独立居住单元，10 栋新建豪华别墅） 设计：THW 事务所 室内设计：斯皮尔曼·布雷迪
摄影：杰夫·威尔曼摄影工作室 地点：美国，圣路易斯 客户：友谊之家 建筑面积：18,736 平方米

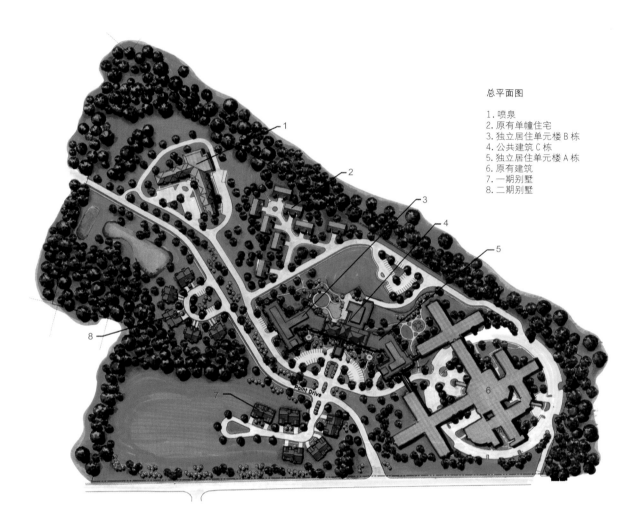

总平面图

1. 喷泉
2. 原有单幢住宅
3. 独立居住单元楼 B 栋
4. 公共建筑 C 栋
5. 独立居住单元楼 A 栋
6. 原有建筑
7. 一期别墅
8. 二期别墅

项目背景

作为圣路易斯社区的中流砥柱，友谊之家近期完成了一项宏伟规划的
第一步。长期规划包括园区动线新规划、老旧建筑拆除重建（包括 78
个独立居住单元和社区俱乐部）。

设计策略

设计师在交通动线规划过程中面临的挑战是降低对居民生活的影响，
同时为将来的扩建工程打造更强的交通网络。此外，更大的挑战是如
何在狭长且地势复杂的场地内设计，同时将对环境的影响降到最低。
老旧过时的小屋被现代建筑取代，与当地的建筑风格保持一致。

独立居住单元位于三层建筑内，将居住人口转移到社区中心。原有独立生活空间位于山顶，与社区呈分离状态。新建地下停车场以及通往山顶的步行天桥实现了与社区的连通，为居民的交流提供了便利条件。俱乐部作为社区的"客厅"俯瞰庭院和水景。社区内所有居民都可以来这里就餐、交流以及进行其他活动。

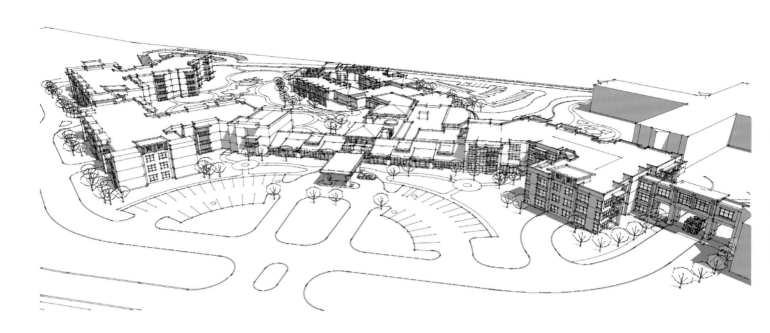

全景

立面（A栋建筑）

立面（B栋建筑）

立面（C栋建筑）

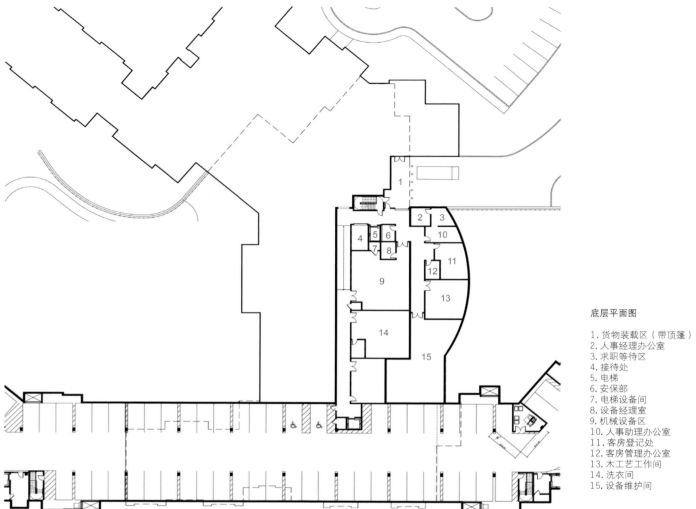

底层平面图

1. 货物装载区（带顶篷）
2. 人事经理办公室
3. 求职等待区
4. 接待处
5. 电梯
6. 安保部
7. 电梯设备间
8. 设备经理室
9. 机械设备区
10. 人事助理办公室
11. 客房登记处
12. 客房管理办公室
13. 木工艺工作间
14. 洗衣间
15. 设备维护间

设计师仔细分析了原有生活空间的情况，并建立了一个大型中央厨房，供整个社区使用。同时，新建就餐区和护理中心围绕中央厨房展开。

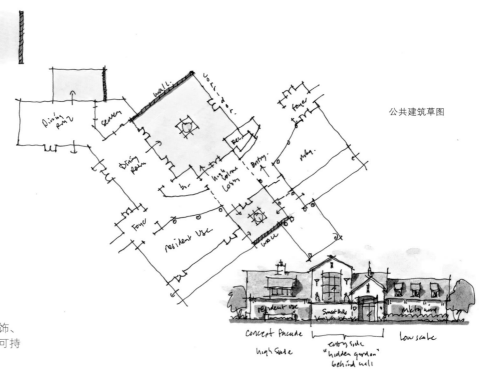

公共建筑草图

这一项目还包括一些创新设计：如 LED 灯饰、数控标识、出入门卡、换气设施，实现了可持续发展理念。

盛大

如何构建基于以人为本关怀理念的特殊护理养老院

类别：特殊护理单元（100间），协助护理单元（23间）地点：美国，都柏林 设计：JMM建筑公司 摄影：埃默里摄影
公司 客户：斯洛伐克健康护理 建筑面积：12,212平方米 耗资：22,385,000美元

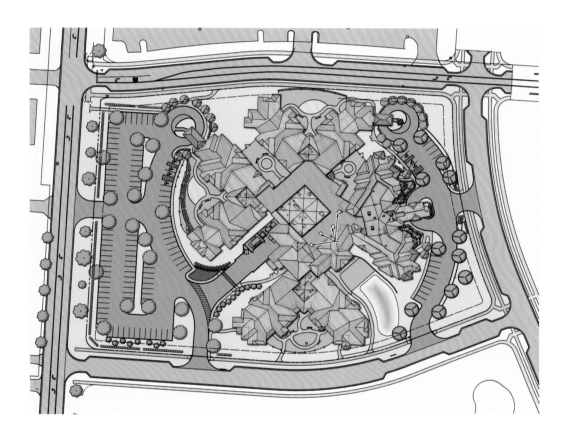

总平面图

项目背景

这一设计考虑坡形地势所带来的限制，将单层和多层结构结合，每个
居住区设有多个出入口、庭院、日间户外活动场地以及独立的停车位（工
作人员和访客专用）。建筑外观设计采用多种材料和色彩，营造连续
统一的感觉，同时突出了住宅区的规模。

设计策略

设计目标为基于以人为本的关怀理念，创建最好的特殊护理与辅助家
园，并需要在高度市场化的激烈竞争环境中实现高效运作。这里已经
取得家庭护理许可证，可提供100间私人护理室和23间单居或双居室
单元。整体设计突出连续的"小房子"和独立的"主干道"的理念。

剖面图

立面图

一层平面图

1. 主街广场
2. 短期护理楼
3. 长期护理楼
4. 护理康复楼
5. 辅助生活区

护理区分别有 12 个或 13 个家庭单元，均有独立的用餐区，并配有一个公用的小型服务厨房，公用庭院和一些公用的辅助空间。大部分住户单元在外部与"主干道"处都设有出入口。一个区域主要用于记忆恢复，另一个为长期护理。日光充足的"主干道"空间内建有一个占地 4000 平方英尺的疗养空间，另有剧院、教堂、沙龙、诊所、药房、主活动室、酒吧和甜品店等。此外，除公共服务空间，还提供培训中心和儿童日托中心，以促进相互交流。

辅助居住单元位于园区正门和"主干道"活动核心区域两侧，餐厅位于门廊上方，可俯瞰邻近河谷的美景，欣赏社区周围的公园美景。

日落庄园翻修工程

如何为居民营造舒适而高档的居住环境并保留一定的私密性

类别：协助生活养老院 地点：美国，托莱多 设计：JMM 建筑公司 摄影：埃默里摄影工作室
客户：日落社区 建筑面积：2,487 平方米

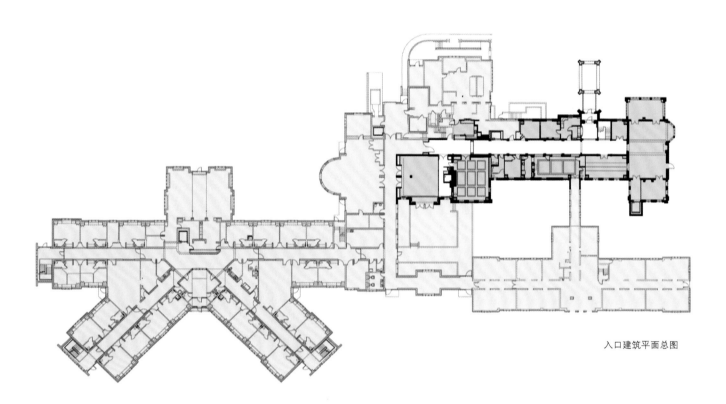

入口建筑平面总图

项目背景

这一项目是位于俄亥俄州托莱多的一个持续关怀退休社区（日落退休社区）的部分翻修工程——将一栋建于 20 世纪 20 年代的四层的混凝土与砖石建筑改造成协助养老机构。

这栋都铎风格的建筑共有 39 个居住单元，面积从 200 平方英尺到 800 平方英尺。一楼设有行政办公室和会议室，一个小教堂、一个主餐厅、餐饮服务空间以及公共客厅，为居民的社会活动提供共享空间。

设计策略

JMM 受邀负责该项目，包括在主入口处建一个新的门廊，以防止恶劣天气对居民的影响，同时对现有居住单元进行全面改造和扩建。单独居住单元的面积进行扩充，从而减少了总体数量，进而提升生活设施的品质。行政办公室进行了进一步改造，会议室开放并转型为公共休息空间，为居民社交互动提供了额外的休闲空间。在靠近主厨房的大厅旁边开设一个开放的咖啡和果汁吧，进一步强化这一理念。

设计中融入了砖材细节，与这一四层建筑外观的原始都铎风格相呼应，而新的入口门廊设计更成功实现了无缝添加。与传统结构相比，玻璃天窗的顶篷更利于光线照射，一进门便营造出明亮、透明的体验。

一踏进大楼，目光便被桶形穹窿天花所吸引。通过拱形的叠加，照明得以进一步加强。整个大厅内采用木制壁板，进一步突显这里的温馨与舒适。

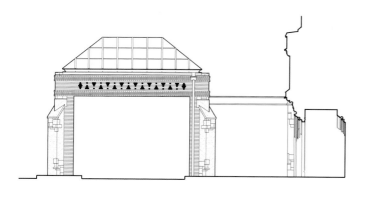

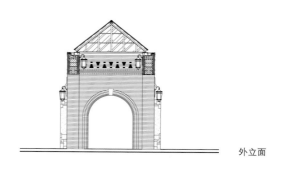

外立面

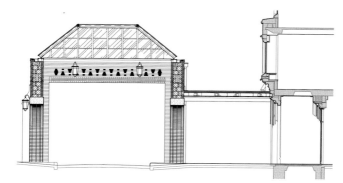

外立面及剖面

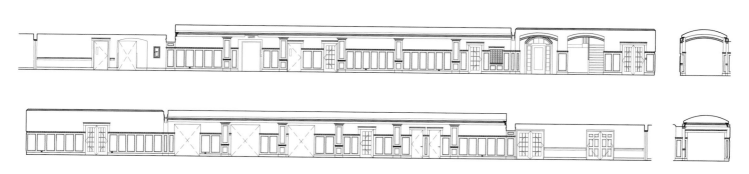

大厅立面

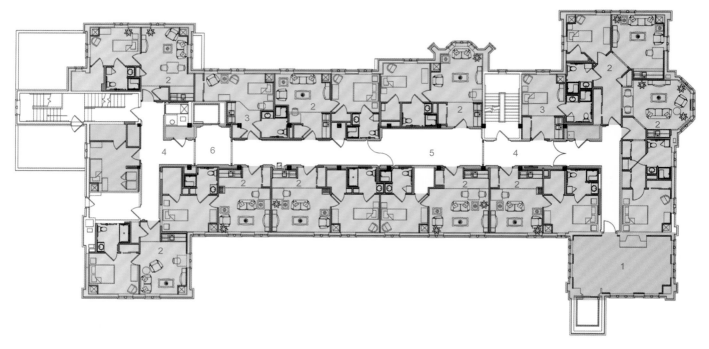

平面布局图

1. 门厅　　　4. 走廊
2. 单人卧室　5. 休息室
3. 工作间　　6. 电梯间

扩建的居民单元空间充分发挥原有的原始建筑特色，包括加厚的墙壁、坚实的窗户以及顶楼的天窗与倾斜的天花板线。这些对居民"家"的内部装饰与设施更新，满足这一老年社区更多的日常功能需求。对于四楼而言，单体天窗是房间的唯一自然光源，因此引入了更大的双倍宽的竖铰链窗，以最大限度满足健康生活对日光的需求。

兰贝斯宫

如何将扩建部分融入现有环境并整合成安宁的退休社区

类别：康复中心和养老院（56 间房） 地点：美国，新奥尔良 设计：瓦格纳＆鲍尔建筑师事务所
建筑面积：5,662 平方米（包括 46 个停车位） 造价：1550 万美元

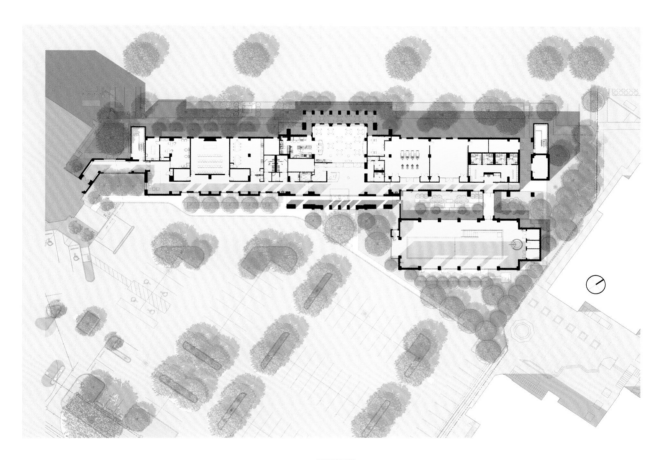

一层平面图

项目背景

兰贝斯宫坐落于新奥尔良居住区，在新月状的密西西比河沿岸，风光秀丽，景色宜人。原有的 12 层主楼由 118 个独立的生活公寓住宅组成。在新奥尔良大学附近紧邻现有的住宅大楼，新建了一座 3 层高的康复与护理中心，设有 56 间私人专业护理室，每间配备独立浴室。

设计策略

由于场地限制，新建建筑需呈现狭长造型，并确保房间拥有良好的光照和景观。同时由于新奥尔良位于南北轴线上的热带地区，东西朝向的房间更增加了采光难度，这些无疑是设计中面临的最大挑战。

设计采用 19 世纪双廊设计的奥尔良地区特有的房屋造型。一排镀锌凸窗或防护物悬于二层的居民楼上，小型窗口透过东西方向的日光，而大面积玻璃开窗朝南北方向打开。

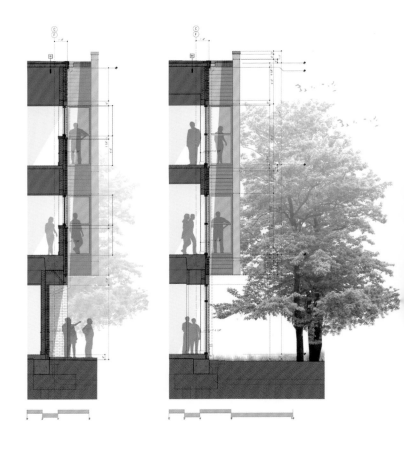

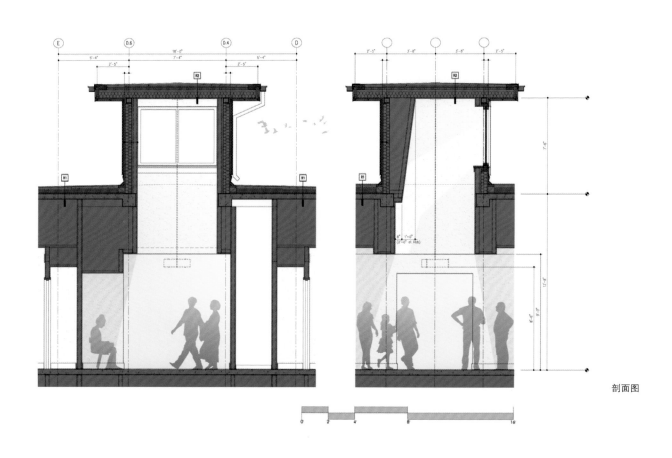

剖面图

一层包括水疗中心、非宗教教堂、艺术室、咖啡厅、健身设施以及更衣室。一个约 23 米长的三泳道盐水泳池位于单独一层，并通过一个冥想花园与中央区域连通。

拥有 14 个床位的两个居住空间分别位于两侧，共用一个中心区域，包括起居室、餐厅、活动室、护士站及办公空间。

为确保每个房间拥有充足的自然光线，在南北方向设计凸窗，同时避免过强的西晒光线，专门设计了落地窗，从而为每个房间提供对角线视野。这种设计让屋内的人如同置身于室外，与整个社区建立了紧密的联系。

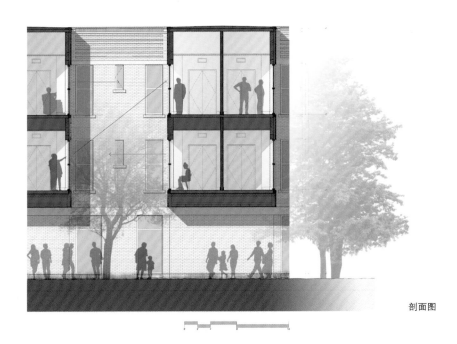

剖面图

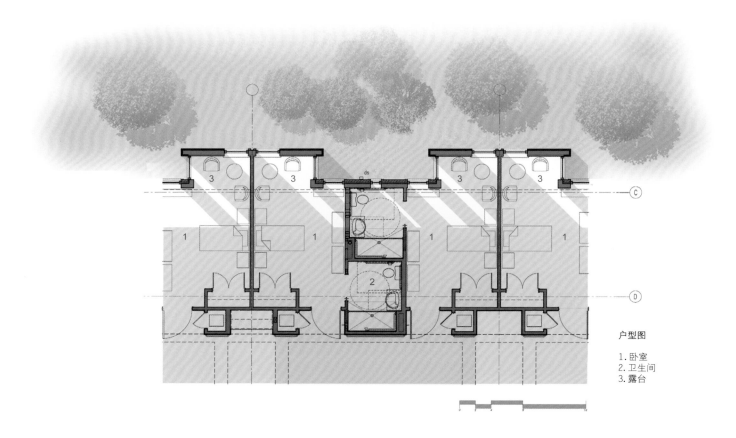

户型图

1.卧室
2.卫生间
3.露台

蒙特韦德老年公寓

如何使得建筑与已有的起伏地形相得益彰

类别：老年公寓（67个单元） 地点：美国，奥林达 设计：达林建筑规划集团 摄影：道格拉斯·斯特林摄影工作室
客户：伊甸园房产公司 占地面积：1.4英亩

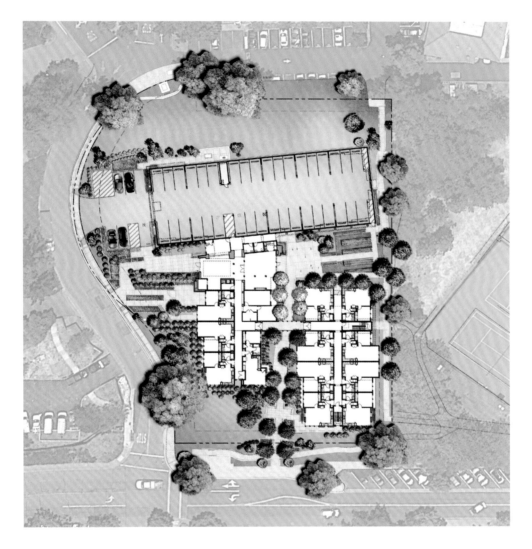

总平面图

项目背景

蒙特韦德老年公寓选址靠近海湾区捷运枢纽，周边服务设施配备完善。场地横跨12米的坡度等级变化，如何通过合理的设计打造一栋木质结构，为老年人提供价格合理的出租公寓便是这一项目的主要目标。

设计策略

这一当代风格设计巧妙地与场地多层次地形相适应，与周围社区的现有结构有机融合。设计师充分利用斜坡优势，打造了两个庭院：一个风格活泼，用作种植果蔬的社区花园；一个风格沉静，可供休息。

设计以两种方式解决了由陡坡地形带来的挑战。首先，建筑的每一层都由蜿蜒的小路将不同设施相连接，构成路径系统，并通达邻近的公园和市区中心。其次，电梯一端连接木质平台，另一端可到达服务中心、图书馆、休息室、健身房、沙龙、单元楼、洗衣房以及一个四层的计算机实验室。居民可以步行到杂货店、市中心的餐厅、药店、邻近的教堂、中心广场、社区中心、公共图书馆、巴士站和海湾区捷运奥林达站。

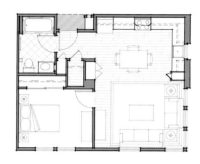

単人间 A1 户型（50.3 平方米）

単人间 A2 户型（50.17 平方米）

単人间 A3 户型（56.58 平方米）

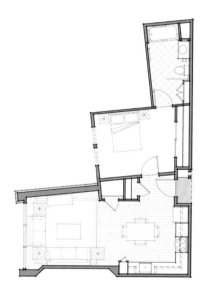

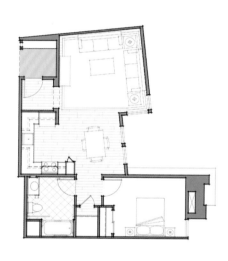

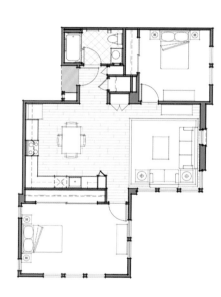

単人间 A4 户型（54.81 平方米）

単人间 A5 户型（62.8 平方米）

双人间 B1 户型（81.29 平方米）

103

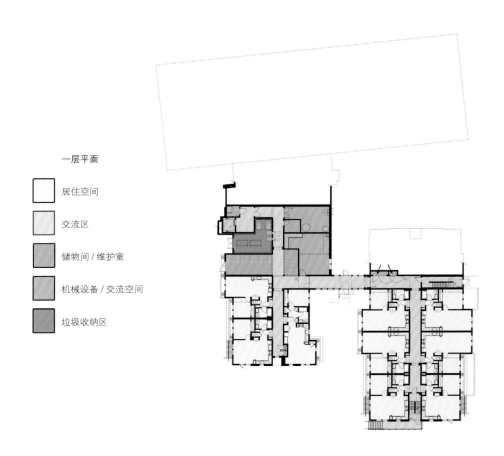

一层平面

居住空间

交流区

储物间 / 维护室

机械设备 / 交流空间

垃圾收纳区

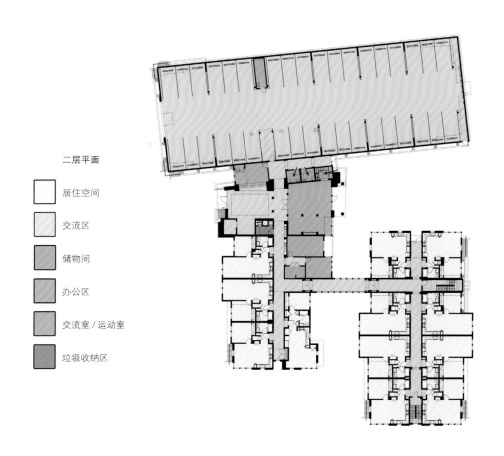

二层平面

居住空间

交流区

储物间

办公区

交流室 / 运动室

垃圾收纳区

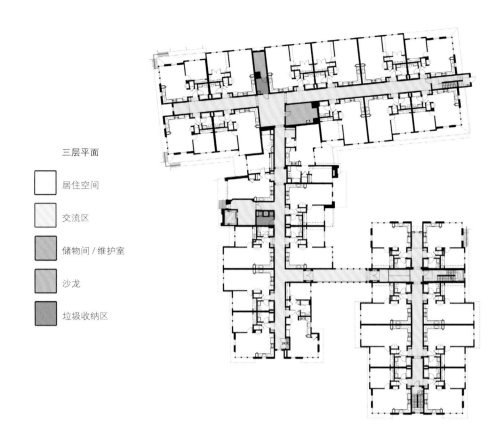

三层平面

居住空间

交流区

储物间 / 维护室

沙龙

垃圾收纳区

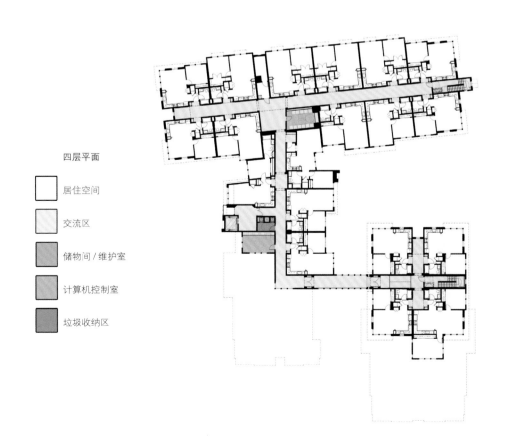

四层平面

居住空间

交流区

储物间 / 维护室

计算机控制室

垃圾收纳区

伍德科雷斯特退休住宅

如何将 20 世纪 60 年代的疗养院转型为退休住宅

类别：退休住宅（59 间经济型老年公寓，其中 8 套两居室、2 套节能单元，余下均为单居室） 地点：美国，伍德科雷斯特
设计：Thoughtful Balance 建筑师事务所 建筑面积：6,080 平方米

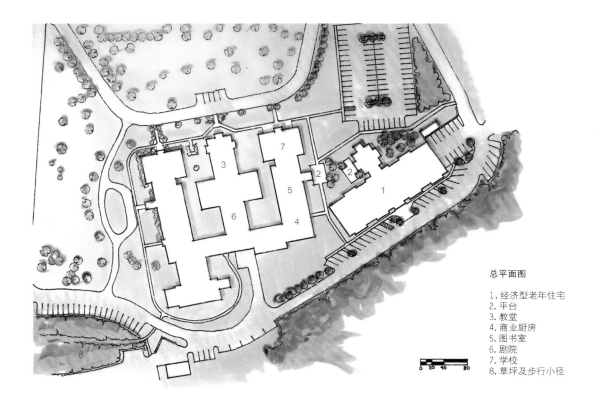

总平面图

1. 经济型老年住宅
2. 平台
3. 教堂
4. 商业厨房
5. 图书室
6. 剧院
7. 学校
8. 草坪及步行小径

项目背景

伍德科雷斯特退休住宅由 20 世纪 60 年代初建造的疗养院大楼改建而成。建筑占地面积 65,447 平方英尺，包括 59 套高级公寓。对于使用税收抵免资金的独立收入人群而言，价格合理。

设计策略

设计方式之一是在 20 世纪 60 年代的外墙上增加一些凸窗，以解决项目中最大的挑战——为单元创造足够的空间。新增的凸窗增加了居住空间的面积，营造开阔感，使得室内光线更加充足，景色更加优美，同时更改善了原有建筑老旧过时的外观。

项目的第二大挑战是发掘两座古建结构的用途：老旧教堂和一座人行天桥。教堂与住宅建筑的一部分相分离，看上去几乎是一个独立结构。天桥没有过多改变，节约时间与财力。

可持续的设计特色包括重复利用的建筑外壳、回收建筑废弃物、扩大窗户以增强日光照射并开阔视野、热回收、节能照明、减少挥发性有机化合物涂层及发光材料使用。热泵循环使能量性能最大化，新鲜空气通过热回收装置进入建筑物。伍德科雷斯特（Woodcrest）在LEED绿色住宅试点项目中获得金牌认证。

设计团队将公共空间纳入教堂，为居民提供了工艺室、图书馆、健身房、洗衣房和社区活动室。电梯对面，玻璃结构增加区域视觉亮度，赋予空间活力。原有天桥被改建成温室和居民的室外平台。

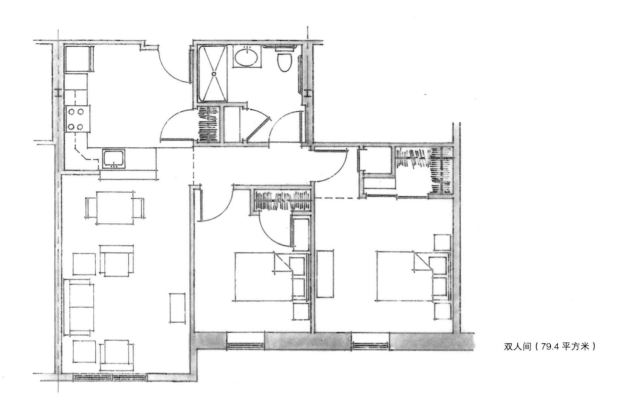

双人间（79.4 平方米）

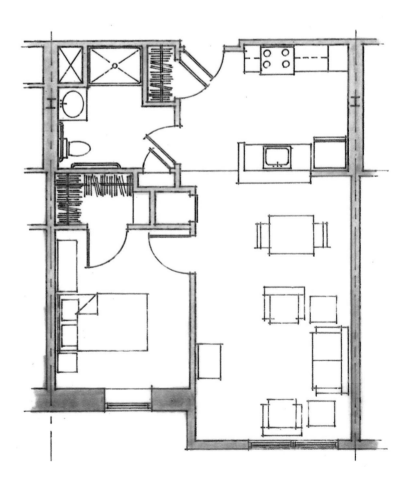

单人间（57.6 平方米）

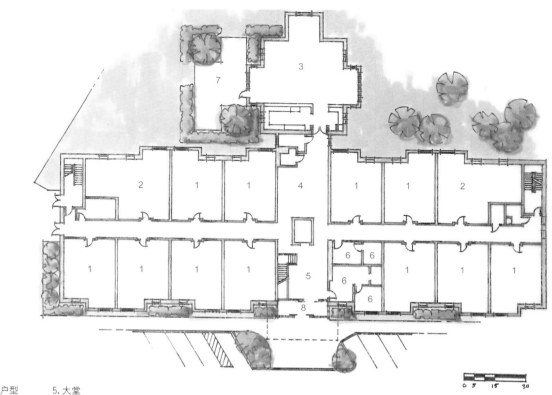

平面图

1. 单人间户型　　5. 大堂
2. 双人间户型　　6. 办公
3. 社区交流中心　7. 平台
4. 休息室　　　　8. 入口

奥科尼湖村 GLEN 养老社区

如何为退休老人打造一个度假村式养老社区

类别：养老社区（独立居住、辅助生活、记忆保健） 设计：THW 事务所 摄影：吉姆·鲁弗创意工作室
地点：美国 客户：LCS 发展有限公司 占地面积：11,705 平方米

总平面图

1.独立居住住宅
2.辅助生活住宅
3.记忆康复住宅
4.未来独立居住住宅

项目背景

Glen 养老社区为那些乐于享受丰富多彩生活的退休老人提供度假式居住模式，包括独立居住区、辅助生活居住区和记忆保健区，实行按月收费。这里距离奥科尼湖村仅有 1.6 千米，以特有的签约式服务、奢华的生活设施和无与伦比的卓越功能而著称，可称为"社区中的社区"。

设计策略

健康的身心至关重要，在这里所有的一切都是为了让居住者拥有一个强健的身体、灵活的头脑和振奋的精神。在这里，可以每天在阳光明媚的公寓里舒适地生活，参加不同的日常活动，遇到困难随时获得帮助。

西侧立面

东北侧立面

西北侧立面

东侧立面

东南侧立面

西南侧立面

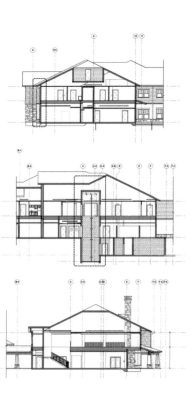

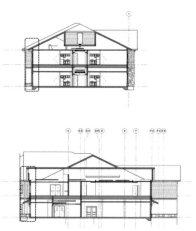

剖面图

记忆保健是大型养老社区中必备的功能。在这里，专门设计的私人套房供失忆老人居住，营造家一般的温馨氛围。每一间套房都配备带有个人特色的家具和家居物品，其中紧急呼救系统、安全防护措施及特殊活动房间等一应俱全。

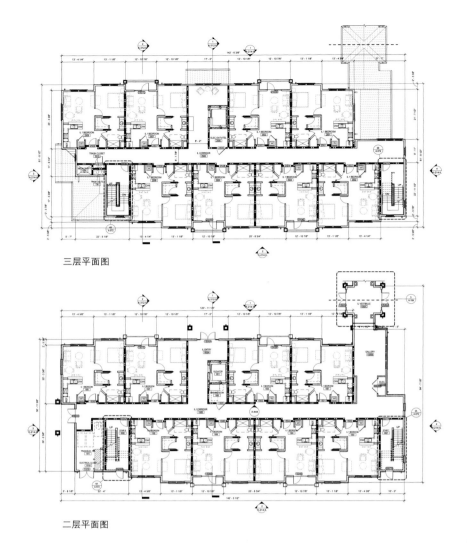

三层平面图

二层平面图

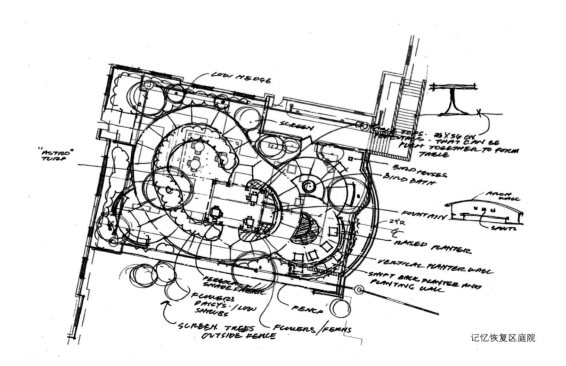

记忆恢复区庭院

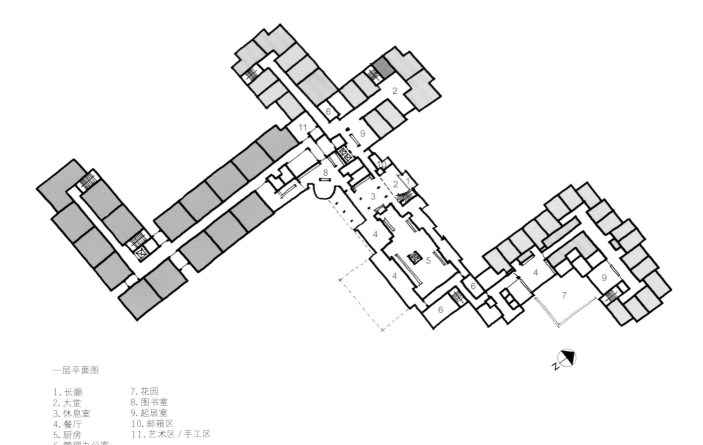

一层平面图

1. 长廊
2. 大堂
3. 休息室
4. 餐厅
5. 厨房
6. 管理办公室
7. 花园
8. 图书室
9. 起居室
10. 邮箱区
11. 艺术区 / 手工区

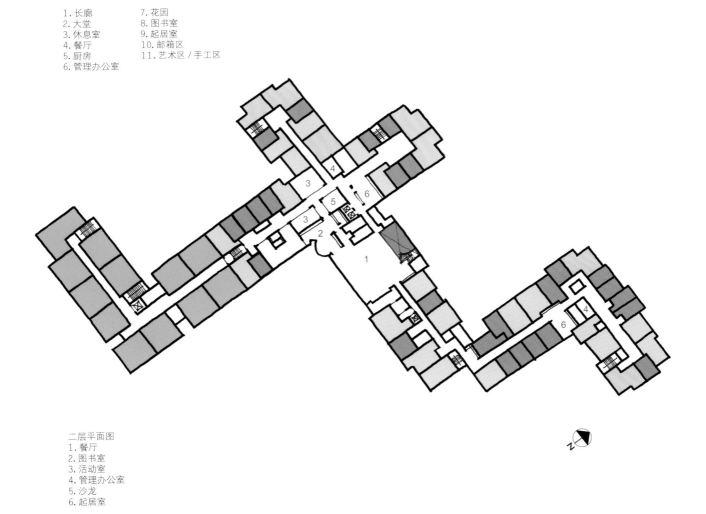

二层平面图

1. 餐厅
2. 图书室
3. 活动室
4. 管理办公室
5. 沙龙
6. 起居室

各种设施应有尽有，包括带有壁炉的开放式大堂、宽敞的大房间、全天候迎宾服务、高档的就餐区（分为开放式就餐区和私人餐厅）、带有下沉式吧台的鸡尾酒吧、带顶篷的室外就餐露台、架高的花圃、步行小径、长椅、室内公园、带有凉亭的天井、超大屏电视的影音室、商务办公中心（可上网、复印、打印和扫描）、美容沙龙、理发室、健身中心、医务室、客房等。

迈耶霍夫（MAYERHOF）
养老院与辅助生活公寓

如何构建结构合理的社区，并为老年人提供有尊严的生活空间

类别：养老院（包含多项服务） 地点：比利时，安特卫普 设计：阿雷亚尔建筑设计师事务所 摄影：蒂姆·威尔德
客户：科奈达维公司 建筑面积：10,104平方米（老年护理），3,884平方米（辅助生活），1,229平方米（地下停车场）
耗资：1260万欧元（148个床的老年护理），560万欧元（40个单元的辅助生活）

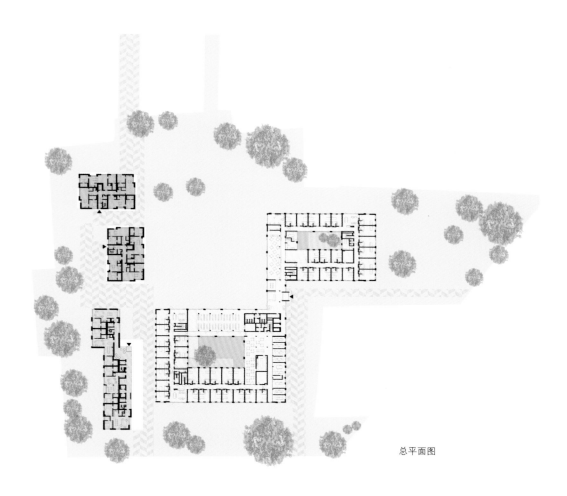

总平面图

项目背景

迈耶霍夫护理园区以社交、安全与满足人民不同需求为核心，是一个融功能性与民主性为一体的新型生活社区，结构合理，让居民有尊严的老去。

设计策略

养老院和其他服务型机构通常被按照同一模式解读：数不尽的房间通过长长的走廊相连。这一理念对建筑的功能性来说无疑是一种胜利，但是对家庭生活而言却是失败。在迈耶霍夫护理园区，这种合理方案的局限性受到质疑，相比之下，设计师打造了成长型社区空间，增添了公共与开放区域，尽情诠释家庭生活。

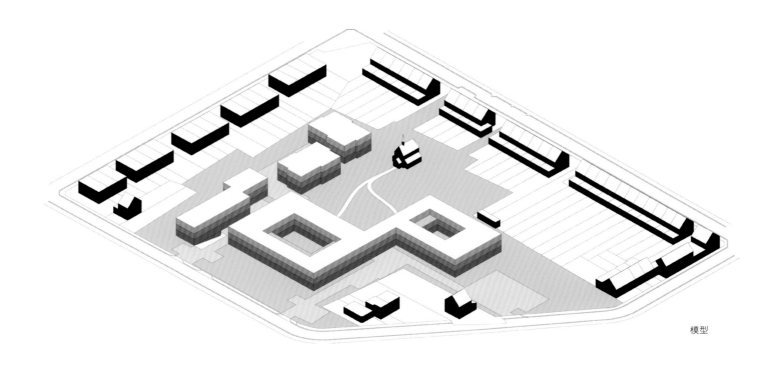

模型

除养老院外，还包括 3 个独立的辅助生活建筑区，仿佛庄严的哨兵，远眺现有的养老院。位于居民区的大型露台建于养老院和周围结构之间，所有建筑在两侧或三侧均开有窗户，便于自然光照入居住空间、宽阔的走廊以及公共空间当中。

原有养老院在施工过程中依然正常使用，新建筑选址在其周围的空地上，建成之后被养老院与居民辅助生活所环绕的绿色空间被释放出来。居民区中心与地下通道将不同功能的区域相连接。对于一个独特的家庭护理中心而言，其核心是终生居住与关爱，每个功能区应相互整合，否则只能各自成为割裂的一部分。

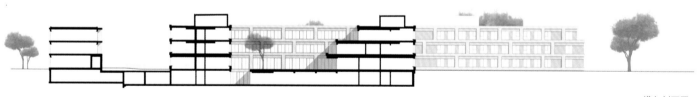

横向剖面图

3个入口的位置选择、街道与室内空间的建设以及大小与外观各不相同的建筑的构建让人联想到城市结构规划，并且与大部分单调的环境所不同，不同的功能区有不同的建筑风格。养老院用反射性铝制包层建造，可反射阳光。辅助生活住宅区则以露石混凝土环梁、石造建筑给人以庄严之感。

养老院每层房间相互连接，成 8 字排列，形成无限循环，并在其中安插了社交区域。开放空间在每个角落构筑交互空间。线性走廊围绕两个较大的空白区域交叠，营造出不同视角。随着楼层增加，露台开始被设计——每层在最佳朝向建有阳台，避免风的影响。每间客房都可以看到园区内开放空间或建筑周围的绿色区域。整个建筑沐浴在自然光线和美丽景观之中。

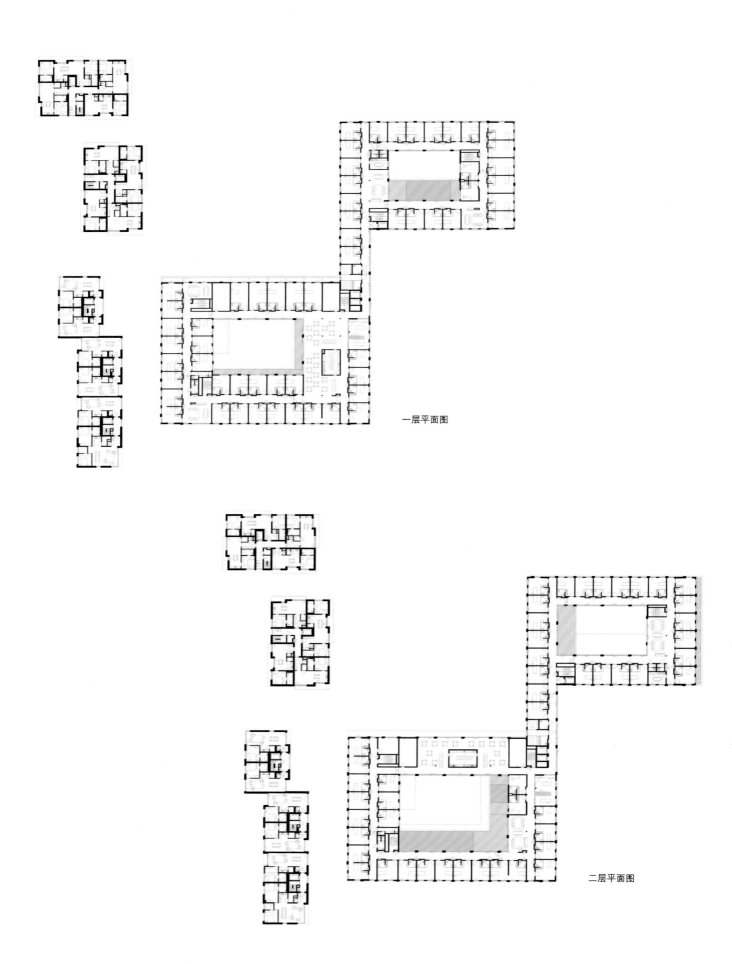

一层平面图

二层平面图

德布鲁梅斯特老年住房

如何使养老住房在实现多功能的同时与周围环境协同发展

类别：老年养护住宅（精神疾病护理、日常护理、照护社区、30 间居住公寓） 地点：荷兰，乌得勒支
设计：LEVS 建筑师事务所 客户：Mitros 地产开发公司
摄影：LEVS 建筑师事务所、马瑟尔·凡·德·伯格 建筑面积：10,000 平方米

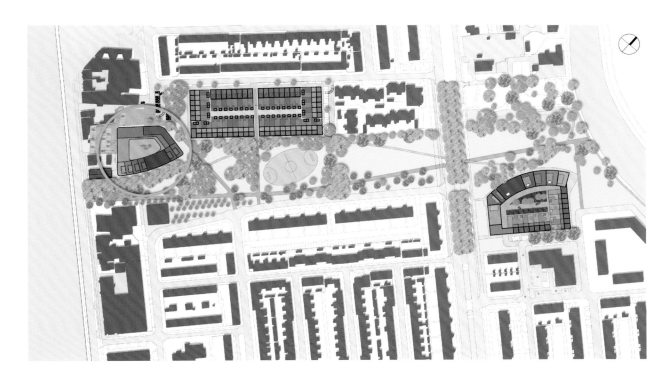

总平面图

项目背景

这一项目位于乌特勒支城市更新区域——施普林格公园的边缘。城市规划师在此规划了一座塔，但 LEVS 却提出了更加独特的设计方案，不仅使其能够成为这里的地标，更与周围的环境密切融合。同时，其特殊的功能性，更增添了整个社区的活力。相邻社区规划同样出自 LEVS 之手，其一位于费赫特河岸，造型相似，用作高级公寓。两栋建筑之间为低层住宅。这些建筑规划构成了这一区域重建的整体蓝图。

设计策略

德布鲁梅斯特（De Bouwmeester）以其色彩、形状与材料而引人注目。闪亮的镀金金属、独具特色的圆角、层叠的建筑样式、起伏的阳台，与阿姆斯特丹莱茵河运河沿岸的安静住宅区和参差不齐的工业建筑相映成趣。作为大型功能项目，德布鲁梅斯特占地 10,000 平方米，与周围环境融为一体。整体建筑屹立于色彩缤纷的砖石的基座上，在庭院周围拔地而起。最低点只有两层高，最高点位于公园一侧，有七层楼高。

每层"楼梯"都建有公共露台,周边绿地全景尽收眼底。站在高层,向乌得勒支郊区望去,梯田上下起伏,望不到边际,犹如艺术家 M.C. 埃舍尔绘画中那些难以实现的奇迹。

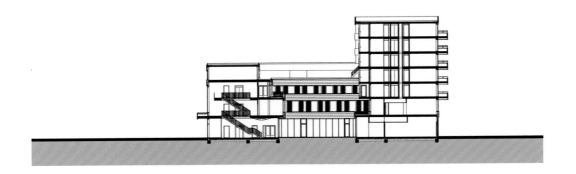

剖面图

剖面图

除了地下室之外，建筑外观全部由专门开发的
铝材制成。经过大量研究最终选用的金色，使
建筑外观随着天气状况与一天的不同时刻光线
角度的变化而改变。

建筑的能源装置是一个新型热力泵，可利用来
自深层冷暖水层的能量保证冬季供暖，夏季降
温。绿化屋顶吸收空气中的水分，更为居民创
造出美丽的屋顶景观。此外，建筑还有一些其
他功能上的创新，使得建筑在可持续方面达到
最高水准。

一层设有 5 个配有厨房的大型客厅与用餐厅，满足老年人的不同需求。客厅可容纳 7 ~ 8 人，与公寓相独立。一层布局灵活，穿过大型玻璃立面，可通向园林花园（三层建筑部分）。在这里，各种功能相融合，营造交流空间。无论年轻还是年长，在社会中均得到保护，享有权利。各个年龄层次的人居住在这里，俨然成为一个社区。

（三层建筑部分）三层是生活与护理区，分为两个区域，每个部分照料 7 位精神科患者。七层建筑部分共包括 30 间社会公寓。站在飘窗阳台，人们仿佛置身于丛林与公园之间。在这栋建筑里，从出生到死亡，居住了一代又一代。

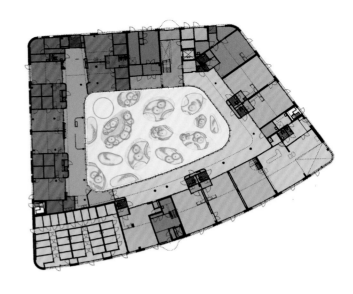

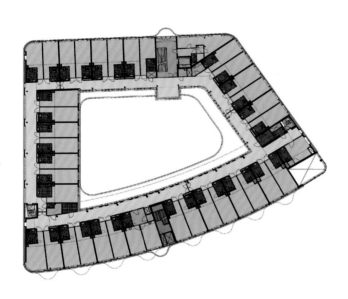

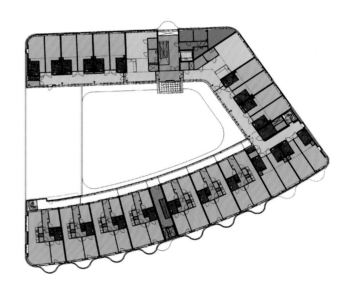

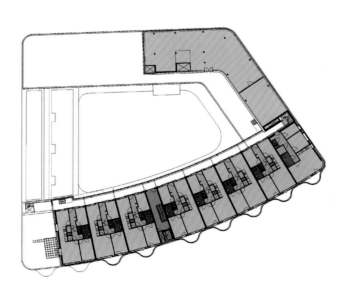

1 ~ 7 层平面图

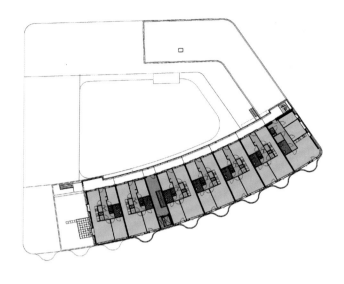

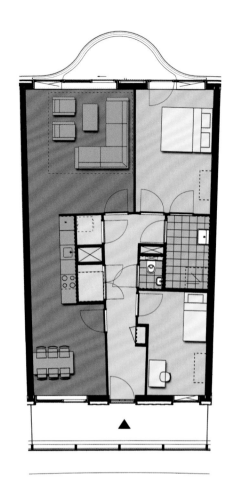

公寓单元空间平面图

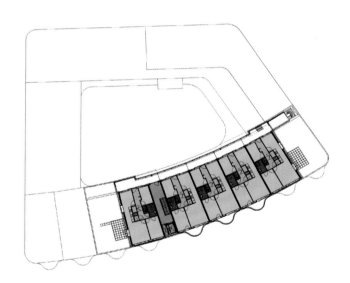

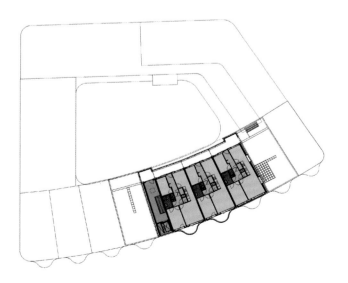

照护空间主入口

日间照护

精神障碍老年居住区

办公

设备间

护理站

公寓主入口

一层存储空间

公寓（3～7层）

邻里交流中心

技术设备间

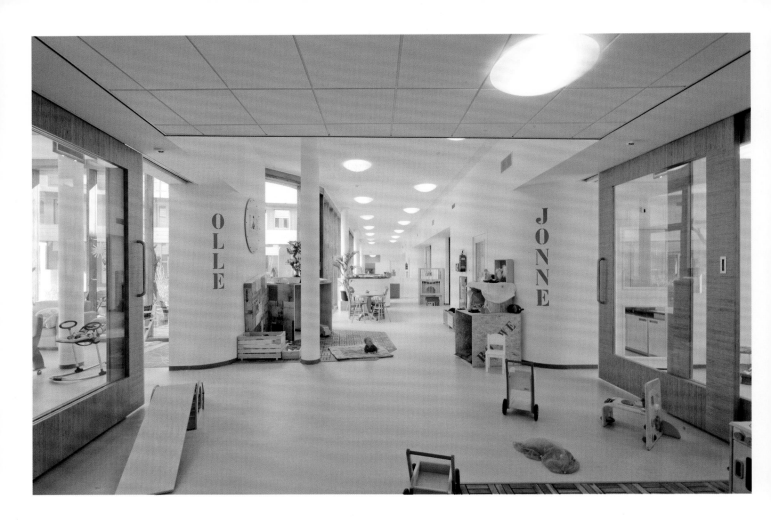

这一建筑集合多种功能——为 40 位痴呆症
老人提供基本的住宿和照顾，更与日托与
社区中心有机结合。老人住房遵循分层住
宿的原则，在适宜的环境中尽可能多地创
造运动空间。

莫朗吉退休之家

如何构建以社交为导向的退休之家，同时又能满足舒适性和美观性需求

类别：退休住宅（91 间房） 地点：法国，巴黎 设计：VOUS ETES ICI 设计事务所 摄影：11H45
客户：社会承包商 "Immodieze" 和私人开发商 "AXENTIA" 占地面积：9，950 平方米
建筑面积：5，315 平方米（46 个停车位） 预算：940 万欧元

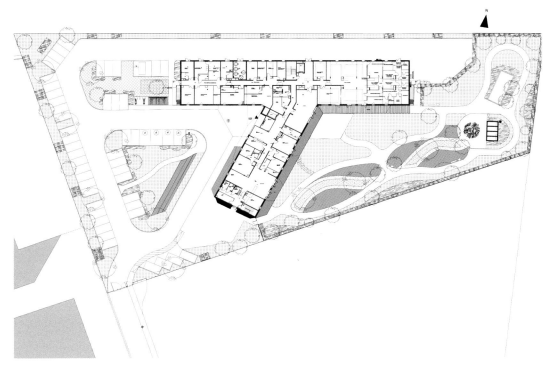

一层平面图

项目背景

基于由社会承包商 "AXENTIA" 和私人开发商 "IMMODIEZE" 领导的计划
外概念，莫朗吉退休之家的建设得到了埃松省省委员会、本地区政府
支持以及地区卫生机构和莫朗吉镇的资金支持。

新大楼的经营者和租户是一个自主的公共机构，每天提供低至 60 欧元
的住宿费用。这一低廉而民主的价格并不以牺牲服务品质为代价。

设计策略

整体建筑呈现 "Y" 造型，分四层建造，具体情况如下：
1. 主公共入口位于 "Y" 的三线连接处；
2. 北立面主要用于服务功能，用作员工出入口和运货出入口；
3. 南立面朝向居民私人公园全面开放。

材料使用

不同空间的独立个体：一致而不雷同

建筑外壳上设有不对称的开口；透过外立面可以窥见不同的场景和空间。建筑外观采用西伯利亚落叶松木材制成，温暖而舒适。"外壳"随着光线的转移而呈现不断"变化"的感官体验。更为重要的一点是，落叶松板是高品质实木，对接在一起，可以防止变形，消除隐患。木质遮阳篷从建筑的外层延伸出来，为建筑遮阳挡雨，保护底层的沙龙和餐厅空间。

建筑外皮向内凹进，内部对应形成一个特别的社交空间：休息区全部面向公园或是三层的露台全开放。"凹进"结构利于光线射入，让行动不便的人在室内便可以充分享受日光。同时，"凹进"结构采用不同的材料与颜色来勾勒内部结构，温暖的橙色向柔和的黄色过渡，与木材的天然温暖相得益彰，融洽而温馨。所有的设计旨在为老年人营造活力十足的室内空间。

明亮而活泼的色彩，也用于遮阳篷和卧室门窗的外立面边框上，虽艳丽但并不刺眼。走过这里的人们，会感受到建筑的和谐和对他的欢迎。这样的设计也便于人们理解建筑物是如何运作的，以及如何与自然和城市环境相融合。

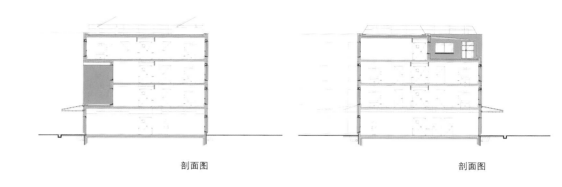

剖面图 剖面图

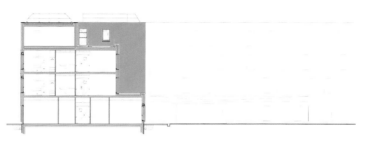

剖面图

南侧立面图

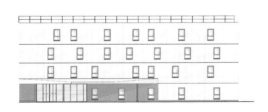

西侧立面图

剖面图

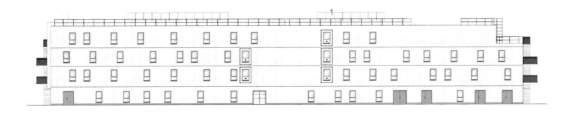

北侧立面图

空间布局

空间平面布局需要遵循一些限制条件：紧凑、合理且对外开放生活区以及主要活动区（餐厅、沙龙）都围绕着私家花园建造，不仅方便去往花园，并受益于花园的美丽景观。花园包括治疗主题空间，以及围绕花坛的传统小径和一个玫瑰园。

一楼和二楼的房间分为 6 个单元，每个单元 13 个房间，专门面向患有传统老年病的居住者。三楼重点针对患有阿尔茨海默症或其他类似神经系统疾病的患者，并为特殊活动和休息设有广阔的专属空间。所有楼层通过中央枢纽区联结在一起。

房间内的视野与光线

这一设计的基本要求是满足建筑内所有卧室拥有充足的光线和良好的视野。每个单元都设有一个主活动聚集区或者用餐区，在门廊或者休憩花园前也设计同样功能的空间。所有这些区域均有开阔的景窗。

通常情况下，走廊昏暗而憋闷，但在本项目中，走廊同样开阔，拥有良好的视野。这使得老年人可以在建筑楼道中，以他们的步伐节奏徐徐走向灯光区与休息区，便于他们在廊道中与其他居民会面、聊天。

三层设有两个大型露台，方便居民活动。这些宽阔的露台通向公园，被视为内部空间的延伸。建筑房间的设计极具特色。透过窗口，可以看到远处乡村美景，使每个房间更像酒店房间，而不是病房。落地窗的设计使得卧床的居民可以看到窗外风景。

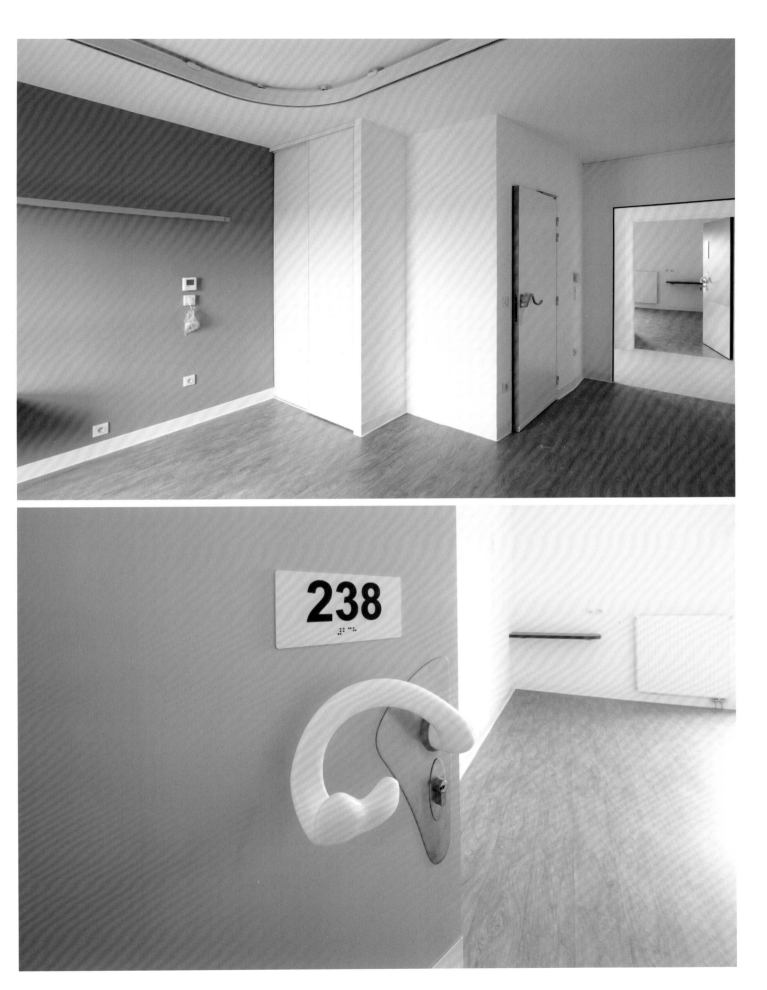

莫尔比昂老年住宅

如何创建一个保留个性与隐私，以及建筑能源效率的老年住宅区

类别：养老院 地点：法国，卢瓦尔 设计：Nomade 建筑师事务所 摄影：卢克·柏格丽
建筑面积：2,549 平方米 预算：429 万欧元

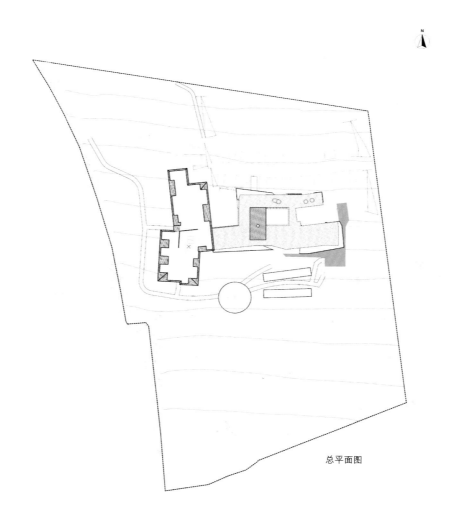

总平面图

项目背景
NOMADE 建筑事务所在大西洋卢瓦尔省的莫尔比昂建造老年住宅设施，使得这一小镇拥有了法国第一家拥有 BBC 低能耗建筑标识的老年住宅。

设计策略
对于项目自身存在的一系列综合问题，该建筑提供了解决方案。其面临的挑战是，在促进居民融入社会化环境的同时，尊重每个居民的个性与隐私，同时，在建设过程中融入高效的能源控制方法。

建筑地处由耕地和森林组成的农村环境中，设计利用场地的坡度，围绕一些独立层面进行构建，并限制建筑的占地面积。由于建于山坡之上，设计中尽可能缩小北立面。在南面，建筑则向周边环境完全开放。

住宅以混凝土和木材构建。木材用作表皮材料，使整个建筑外部呈现出统一感。用于外立面的垂直覆盖层使用当地特产（阿拉伯树胶和栗树），两种色调（灰色和原木色）随着时间的推移更将完美和谐。

建筑的入口位于北侧，有一个标志性的顶篷。北侧外立面设有开口，为走廊区域引入温柔而均匀的光线。南外立面带有露台和阳台。

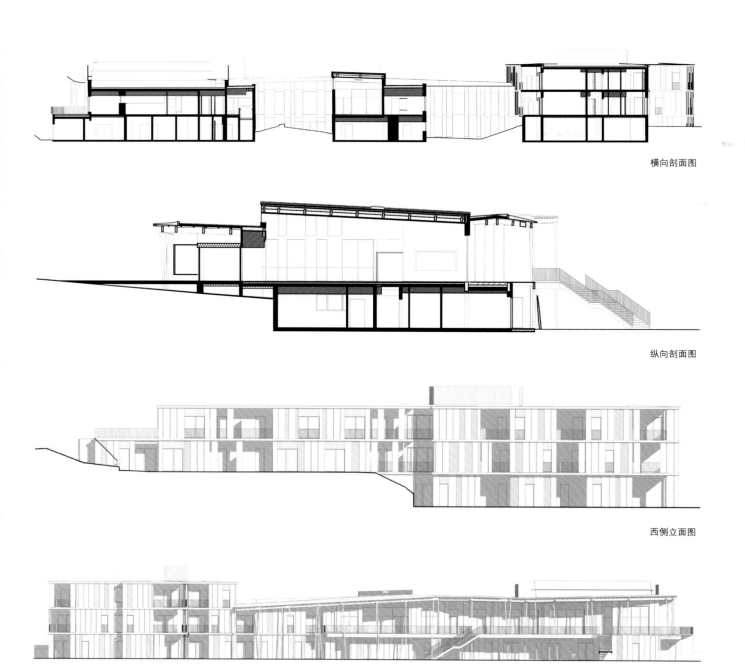

横向剖面图

纵向剖面图

西侧立面图

南侧立面图

这里向所有人开放。其内部布局有利于优化流程管理与空间功能分配。

44个单居室和两居公寓，均配有浴室、设备齐全的客厅、厨房和卧室。每个住房单元都有通达客厅或是卧室的外部空间，保证每个居民高度的舒适性和独立性。一个大型的半开放阳台面南而建，整个森林景观一览无余，在视觉上延伸了居住空间。

一层平面图

约讷河桥养老院

如何创造一个高度维护居民尊严的养老生活空间

类别：养老院 地点：法国，约讷河桥村 设计：多米尼克·古龙联合设计师事务所 摄影：大卫·罗梅罗·乌泽达
客户：Lamy-Delettrez 养老院 占地：9,950 平方米 建筑面积：5,395 平方米

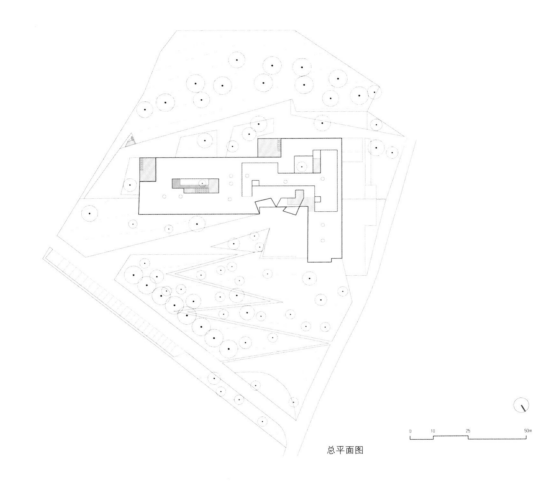

总平面图

项目背景
建筑融入约讷河畔坡面景观。深色建筑部分包括 96 间房。主入口朝向约讷山谷，围绕中央庭院而建，门前打造了村庄小广场。

设计策略
设计方案重点突出以下两点：
1. 建筑符合高能效标准。外部保温层遵循最佳设计标准，提供高水平的热舒适性。
2. 项目规划时，特别注意使用功能。路径、自然光线和材料被充分利用，建设维护居民尊严的生活空间。

黑色建筑部分呈现中空造型——折叠的几何形状嵌入白色结构。建筑所有朝向都可以欣赏到不同的景色，露台朝向远处的小河。居住区公共空间朝向南侧，光线充足，而开阔的窗户将公园的美景完全收纳进来。

天井内种植着植物，在视觉上增添了建筑的纵深感。

所有动线都受自然光照射，是理想的散步场所。道路随着方向的变化而变宽，粉色和红色的起居空间格外温馨，符合人体工学设计的长椅有利于居民的聚集交流。

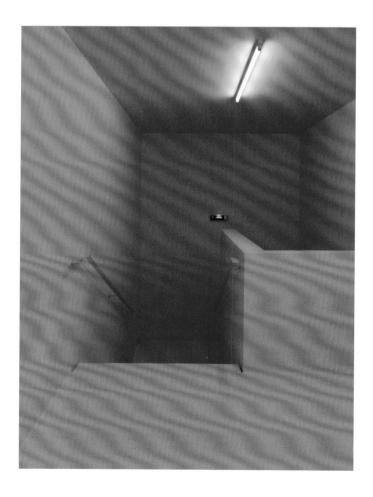

公共区域在设计中给予格外关注，富有流动性
与透明性。餐厅占据了朝向大堂的中央阳台位
置，向南开放。阳台设有顶篷，为居民的户外
活动提供了便利。

地下室平面图

1. 厨房与食物储存空间
2. 男员工更衣室
3. 女员工更衣室
4. 设备维护与垃圾处理空间
5. 技术设备间
6. 多功能室
7. 公共空间
8. 内部
9. 货物配送区
10. 货物装卸区
11. 狭小空间

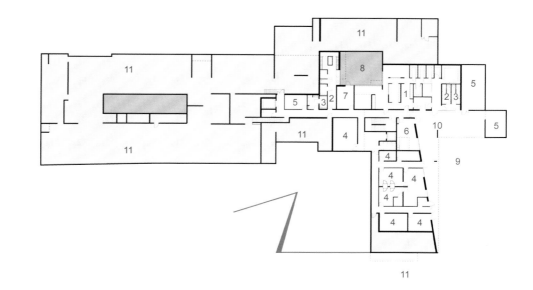

一层平面图

1. 大厅
2. 餐厅
3. 多功能室
4. 秘书室
5. 管理办公室
6. 会议室
7. 护理室
8. 医务室
9. 护理站
10. 药房
11. 卫生间
12. 办公区
13. 开放式起居室
14. 理发室
15. 餐厅/起居室
16. 健康厨房
17. 庭院
18. 庭院上方

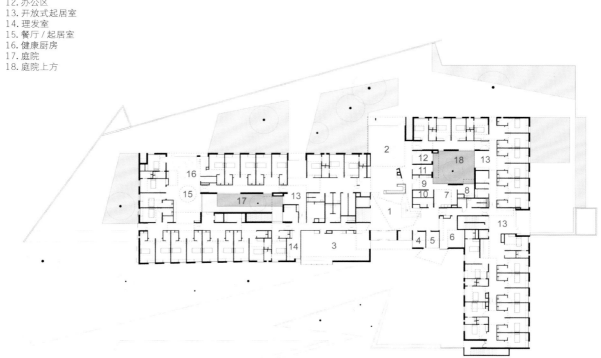

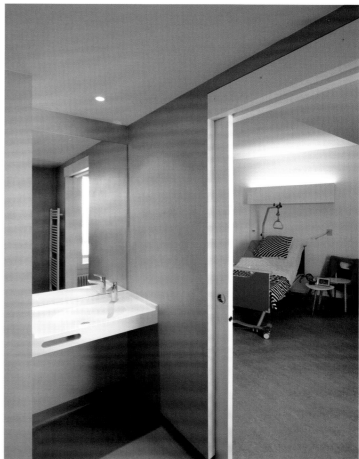

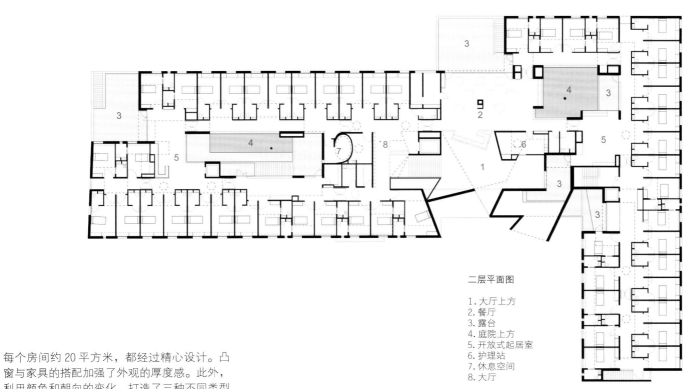

二层平面图

1.大厅上方
2.餐厅
3.露台
4.庭院上方
5.开放式起居室
6.护理站
7.休息空间
8.大厅

每个房间约 20 平方米，都经过精心设计。凸窗与家具的搭配加强了外观的厚度感。此外，利用颜色和朝向的变化，打造了三种不同类型的房间。

'S ZENZI 退休之家

如何同时为老年人和工作人员营造舒适的氛围

类别：养老院 地点：奥地利，因斯布鲁克 设计：Gsottbauer 建筑公司
占地面积：3，474 平方米 预算：730 万欧元

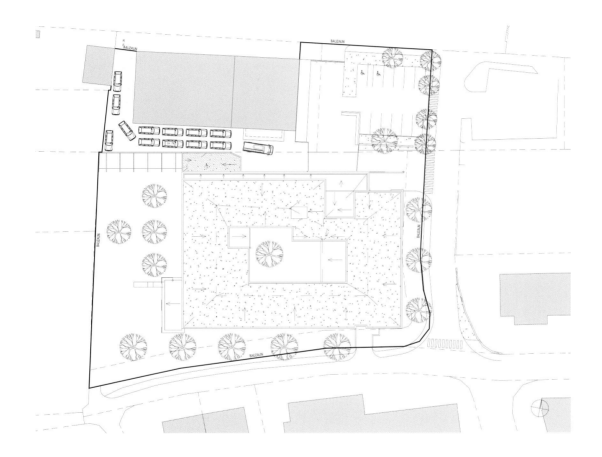

总平面图

项目背景

'S Zenzi 被誉为蒂罗尔新社交中心，作为一所养老院，同时用作日间餐厅（专供老年人使用）。设计的前提是营造出让所有人都感到舒适的友好氛围——老人、护理人员以及来访者。这里邻近教堂与墓园，可通过佛罗莱恩路上步行桥直接进来。

设计策略

建筑内包含 60 间客房，围绕中央庭院而建。设计要求庭院为整个建筑提供最佳光照条件，并将不同季节的景观引入室内。

建筑结构密实，外观被一层落叶松木瓦覆盖，以打造控制通风的低能耗房屋。落叶松、玻璃与铜材环绕交错的凸窗，打造独特立面，而内部则十分通透。

材料选择一方面是基于材料自身的性能，另一方面是对现代性与生活友好性的需求。立面元素包括工厂预制结构，如墙板、玻璃窗、镶板等，其优势是能够实现快速安装。建筑表皮由传统的材料打造，但其仍不失现代，熠熠生辉。

平面布局图

埃里卡·霍恩老年之家

如何为老年人创造一个无障碍的绿色老年之家

类别：护理之家 地点：奥地利，格拉茨 设计：Dietger Wissounig 建筑师事务所 摄影：西蒙·奥博欧佛、赫尔穆特·皮勒
客户：利岑福利住宅协会 占地面积：13,790 平方米 建筑面积：6,950 平方米

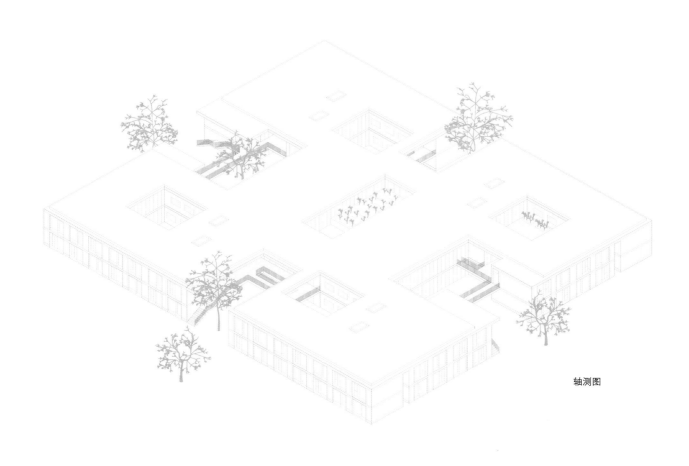

轴测图

项目背景

埃里卡·霍恩老年之家位于格拉茨，建于安德里茨巴赫溪附近的一座公园上。由于地区条件限制，同时考虑到安德里茨洪水区内的地理位置，无障碍被动房和可持续建筑内没有设立地下室。

设计策略

无障碍被动式住房是一种复合结构，以可调节通风系统为特色。承重天花板和墙壁由混凝土制成，而所有其他结构元素由可再生材料打造：木材。每两个房屋之间延伸的立面元素均为预制构件。夏季，可以通过接地导管吸入外部空气来保持室内凉爽；冬季，使用地热保持温暖。空气处理系统测量内外温度，并通过接地导管或屋顶自动切换装置抽吸。为生产热水，装有中央热水器和存储充电系统。为了产生热量，在屋顶建造了效率为 80% 的太阳能热电站，用以补充燃气加热。此外，还建有一个光伏发电站，年发电约 5000kW。

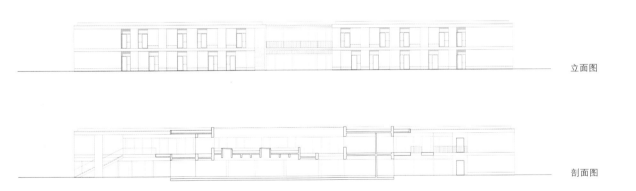

立面图

剖面图

建筑物与外部空间的交融具有特别的意义。考
虑到了养老院的特殊性，专门打造了绿色开放
式设计，打造了一系列大小和特征各异的花园。
木质平台伸出水面，营造出极具吸引力的休闲
空间，温馨而又充满活力。

这座两层的建筑由四个围绕半开放"村庄广场"的翼楼组成，用以举办各种活动，包括前厅、中央护士站、演讲厅、咖啡厅、理发店以及开放的中庭。

一层包括3个住宅区，二层4个。每个区域配备一个护理员，照顾15位居民。大部分为单人房，友好而便于管理。大的公共区域为每个住宅组所共用，带有宽阔的凉廊与按区域划分的花园，其中一部分适合痴呆症患者。一层和二层带有画廊的前厅可用作生活区。设计确保整个建筑充足的自然光照。

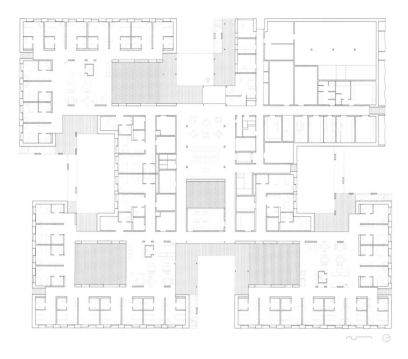

一层平面图

迈奥尔德圣马丁老年公寓

如何为老年住户打造一个能够满足身心需求的真正的家

类别：老年公寓 地点：西班牙，巴利亚多利德 设计：奥斯卡•米格尔•阿瑞斯•阿尔瓦雷斯
摄影：耶稣 J.伊斯•阿隆索,佩德罗•伊万•拉莫斯•马丁 占地面积：1，980 平方米

位置图

项目背景

如果不考虑其所处环境，那么就无法全面了解迈奥尔德圣马丁老年公寓。其选址在隐藏的盐水湿地（Salgüerosde Aldeamayor）附近——周围广阔无垠的西班牙农场上点缀着少量松树。这一整体环境为人工建筑带来了一定的限制条件。

设计策略

设计秉持一个理念：为老年人提供一个亲近自然与阳光接触的舒适环境，同时增强建筑内邻里之间的密切联系；在卡斯蒂利亚 – 莱昂（Castilla yLeón）农村地区,房前摆放的椅子正是邻里和睦的典型象征。

185

在卡斯蒂利亚 – 莱昂（Castilla yLeón）干旱的平原地区，设计师们以白色混凝土砖构建一座建筑，并配以条纹，标志着与地面明显而又细微的边界。建筑外观如周围环境一般，抽象而坚硬，犹如一个不可逾越的障碍将内部保护，营造出一个亲切而温暖的空间。外形硬朗的几何形状与内部的多样形成鲜明对照。

草图

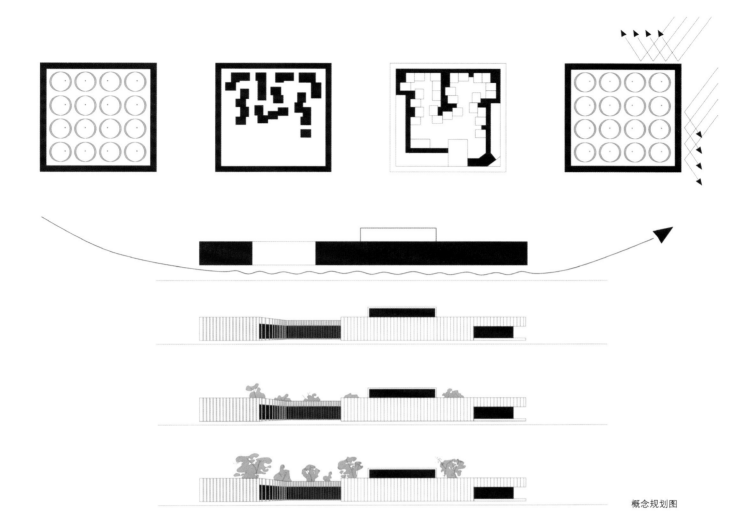

概念规划图

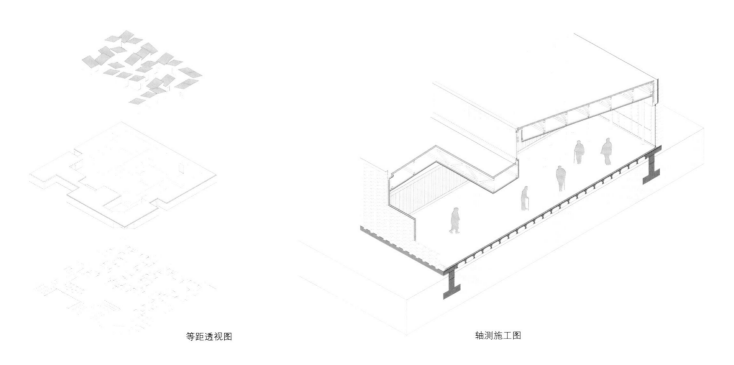

等距透视图   轴测施工图

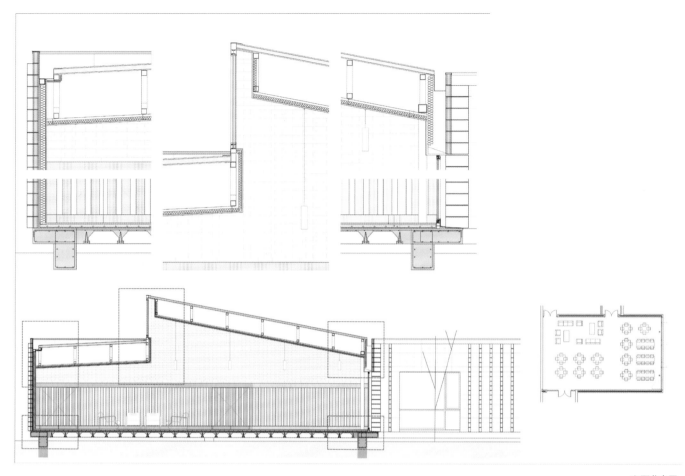

立面节点图

房间由一个个小单元组成——小单元在庭院周围有机地聚集在一起，在庭院与单元内部创建关联。周边走廊变成了一个公共区，如同小镇一般，人们可以在房门前交流，仿佛远离近乎冰冷的医院，置身于温馨而友好的建筑中。我们希望这里能让居民之间建立密切关系。此项目不仅仅是住宅，更是在寻找一个真正的家园，因此心理因素在项目设计中至关重要。

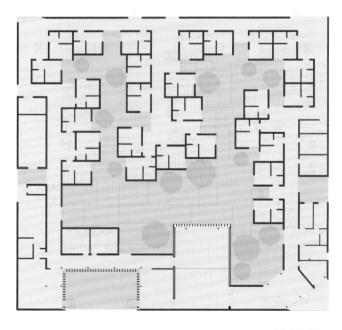

平面布局图

这些小单元构成了内部的动线并与公共区域共处：活动室、健身室、医疗咨询室以及精心打造的大房间。

整个工程使用简洁而高成本效益的材料。几何造型、空间、光线以及对颜色和纹理的精心处理，在抽象而有节奏的外壳的保护下，营造出温暖而舒适的内部环境。

托雷河老年之家——老年公寓

如何突破场地的限制而满足老年公寓所有需求

类别：老年公寓（60间房） 地点：葡萄牙，圣蒂尔苏 设计：何塞·安东尼奥·洛佩斯·达科斯塔（José António Lopes da Costa），蒂亚戈·梅雷莱斯（Tiago Meireles） 摄影：曼纽尔·阿吉亚尔（Manuel Aguiar）

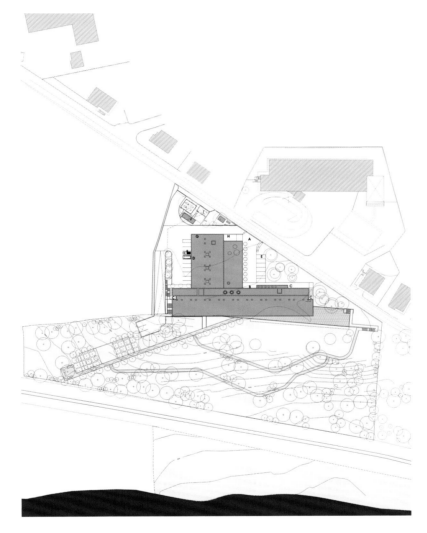

总平面图

项目背景

这一住宅项目拥有60间卧房（三种不同类型），均提供统一管理与行政服务。除此之外，这里设有工作人员专用设施区、生活与活动区、餐饮与服务区（厨房、储藏室、洗衣房等支持设施）、保健与水疗区以及技术区、储藏室和车库。

设计策略

土地形状（施工区的三角地带）及其面积的急剧缩小已经严重限制了设计规划。因此，这一设计方案采用两个建筑物彼此垂直的方式，形成一个"T"形。

公共区域（社交和用餐区）、行政区域和大部分的卧室位于较长的建筑（向南）中。建筑与斜坡平行，充分利用南部充足的日光条件与河岸美景。

一栋建筑共 3 层（部分是 4 层），其中两层位于地上，一层位于（部分是 2 层）地下。 另一建筑（向西）共有 3 层，地上两层，地下 1 层，其中地下用作全封闭停车场。建筑北侧（靠近街道）呈现封闭状态，同时受到场地条件的限制，南部则完全开放，面朝山谷。

北侧立面图

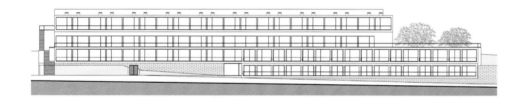

南侧立面图

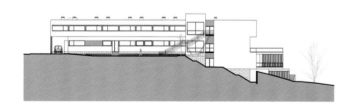

西侧立面图

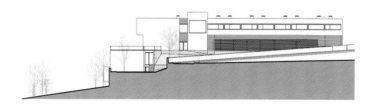

东侧立面图

在入口楼层（一层）设有所有的接待与活动区、生活与社交区、用餐区及支持服务。西侧健康区域，包括医疗室、护理室、理疗室、健身房、室内游泳池（水疗和休闲）以及后勤设施（更衣室和洗手间）。

一层有专门的卧室和医院辅助服务区域。

在地下一层有 10 间卧室和 8 间带有卧室和客厅的套房（全部在向南的结构中）。向西的结构中建有车库（20 个停车位）、个人储藏室、技术区、生活区、辅助浴室和洗衣房。

地下二层有 8 间套房、个人储藏室、技术区与后勤设施。

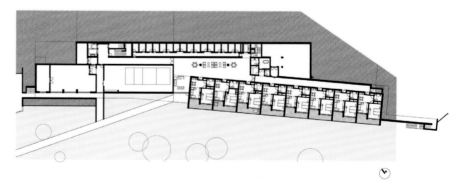

0 5   25m

地下二层平面图

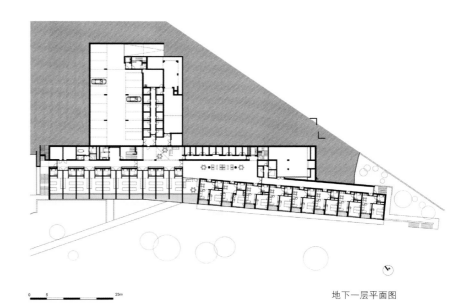

0 5   25m

地下一层平面图

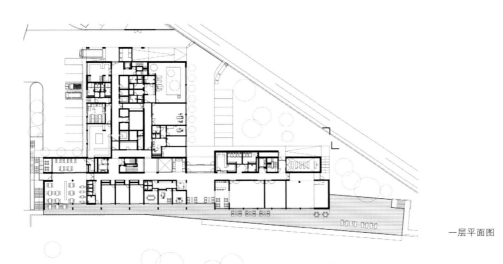

一层平面图

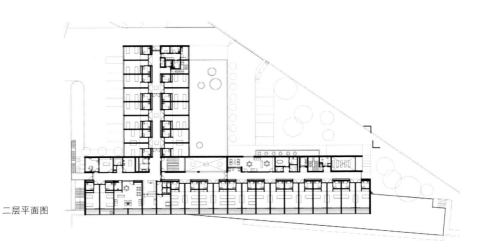

二层平面图

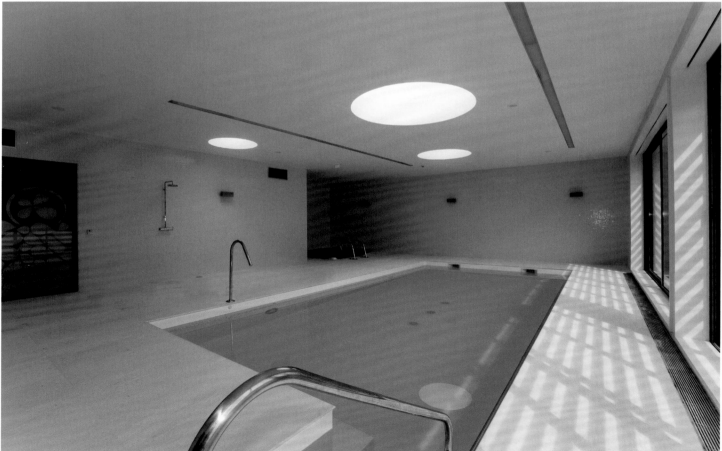

阿尔兹海默症居住区

如何通过设计提升养老院的环境品质

类别：现有老年公寓的扩建 地点：法国，库厄龙 设计：马比尔•雷奇建筑师事务所
建筑面积：4，882平方米

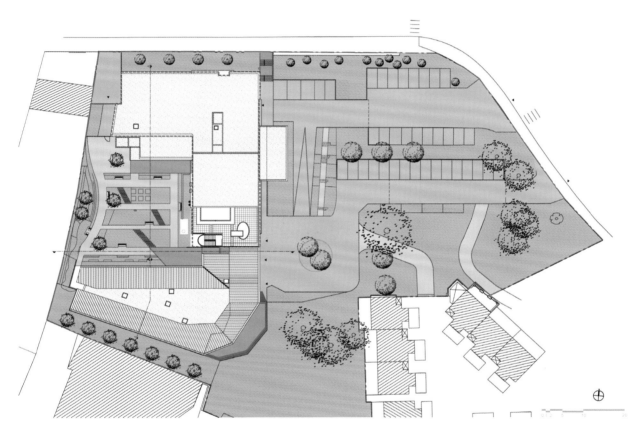

总平面图

项目背景

这一居住区位于拥有1.9万人口的高海拔城市——库厄龙，靠近南特市，其在21世纪初被完全重建，从楼上俯瞰，整个小镇尽收眼底，可以看到附近的松林和卢瓦尔河。

扩建区域为阿尔兹海默症居民生活区，位于场地南侧。建筑一层包括卧室和公共区域，此外，这里设有地上停车场。挡土墙顺坡而建，从而使老年人可以自由进出花园。

设计策略

花园被建筑围合在中央区域，凸窗朝向露台一侧，将小镇中心的尖顶教堂和远处的松林美景完全收纳进来。除此之外，这一设计也为居住在这里的居民营造了舒适的环境。一系列的空间结构，如花园、延伸的露台都可以欣赏到美丽的景色。

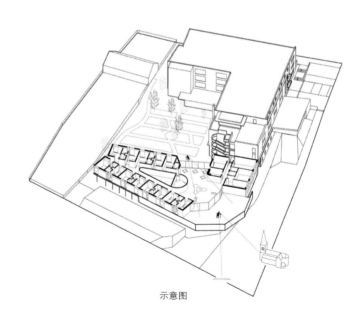

示意图

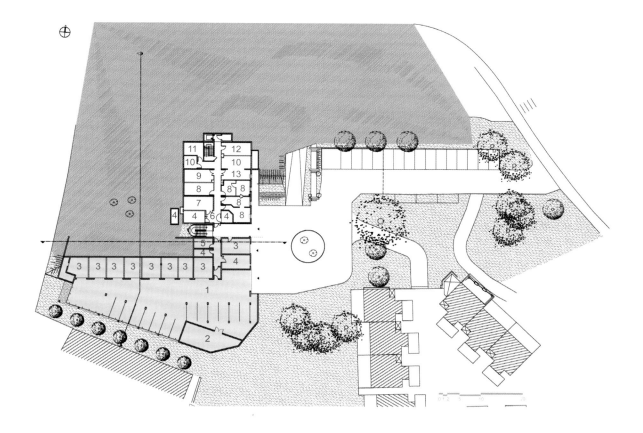

平面图

1. 员工停车场
2. 储藏室
3. 车库
4. 技术设备间
5. 垃圾间
6. 控制室
7. 锅炉房
8. 杂物间
9. 安保室
10. 维修间
11. 档案室
12. 预留空间
13. 工作间
14. 住宅单元
15. 护理站
16. 理发室
17. 餐厅
18. 办公区
19. 活动室
20. 治疗室
21. 运动理疗室
22. 家庭房
23. 公共卫生间
24. 露台
25. 花园
26. 更衣室
27. 私人餐厅
28. 家庭餐区
29. 洗衣间
30. 员工办公区
31. 蔬菜存储间
32. 备餐室
33. 管理办公室
34. 大厅
35. 餐具消毒间
36. 药房
37. 会议室

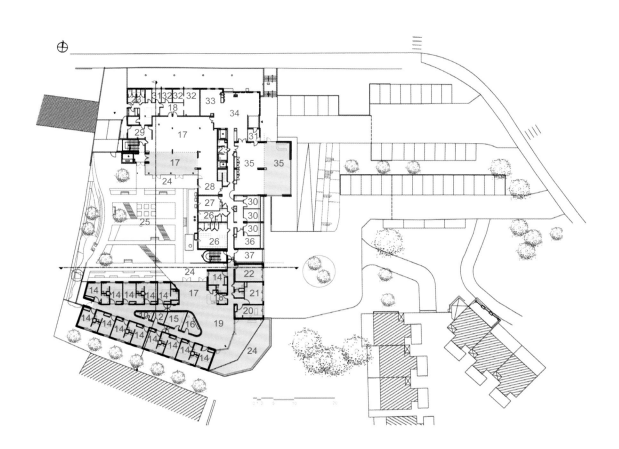

室内空间围绕核心结构展开，让患有阿尔兹海默症的居住者可以在通道散步练习。被 LED 点亮的珠串帘布在视觉上缩小了体积，并有助于光线的透过。位于中央区域的美发沙龙充分利用了公共区域和外部的柔和景象。

室内环境通过材料、色彩与图案而营造——木制框架、打蜡的混凝土、PVC 材质打造了一系列颜色和造型各异的结构，能够给居住者带来更多的刺激。

卧室做了特殊设计——浴室呈交错排列，防止占用卧室的可用面积，同时可以确保浴室一半空间能够照射自然光线。混凝土吊顶有助于建筑的热舒适性，与混凝土墙壁和木质屋顶相互呼应。

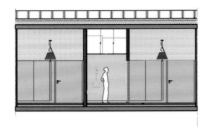
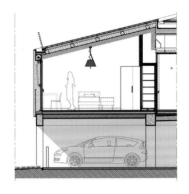
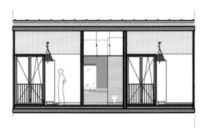

细节图

CASAL DE GENT GRAN   CENTRE DE DIA
B L A N C A F O R T

布兰卡福尔特（BLANCAFORT）
日间护理站与老人之家
如何将建筑与周边环境相融合

类别：老年日间护理站 地点：西班牙，塔拉戈纳 设计：吉列姆·卡雷拉（Guillem Carrera）
摄影：克里斯蒂娜·塞拉·洪科萨（Cristina Serra Juncosa） 占地：647 平方米

位置图

项目背景

这一项目是专为布兰卡福尔特村及其邻近城市老年人所建。基于对场地与周围环境的初步考察，这一设计不仅仅是解决独立建筑的需求，更重要的是将其与附近的城市机构相融合，创建一个同时具有村庄个性与公共性的门户。

设计策略

设计师建议将建筑面向周边三条街道和公共绿地开放，将原有的挡土墙改建成建筑地基，为两栋公共设施建一个核心公共通道和内部庭院。

为聚集用户，举办更多休闲活动，老人之家将其主体空间延伸到周围景观，而日间护理站则将其主体区域与较大的内部庭院相融合。

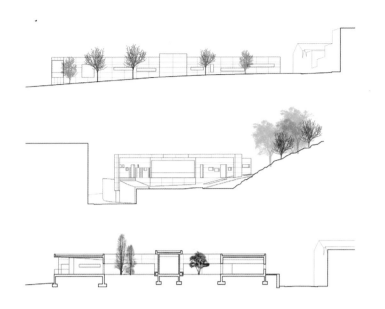
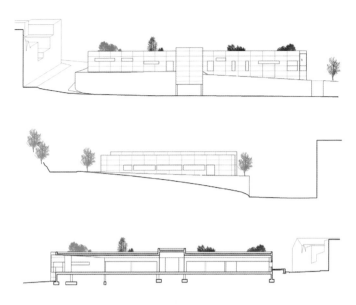

立面与剖面

建筑外表不需要持续维护——可感知的混凝土作为冷材料，与柔和风格的木材相平衡；而耐候钢与石制材料勾勒出墙壁结构（典型的区域特色，在同一村庄多处使用）与规划的植被区域相得益彰。建筑遵循被动式太阳能建筑标准建造。由于所有区域的内部和外部庭院均开放，建筑的每个空间都有良好的通风。建筑完全利用自然原料打造，旨在使建筑和景观对环境的影响降到最低。室内装饰的宗旨是让用户在人生旅程的最后阶段，得以享受建筑的舒适与温馨。

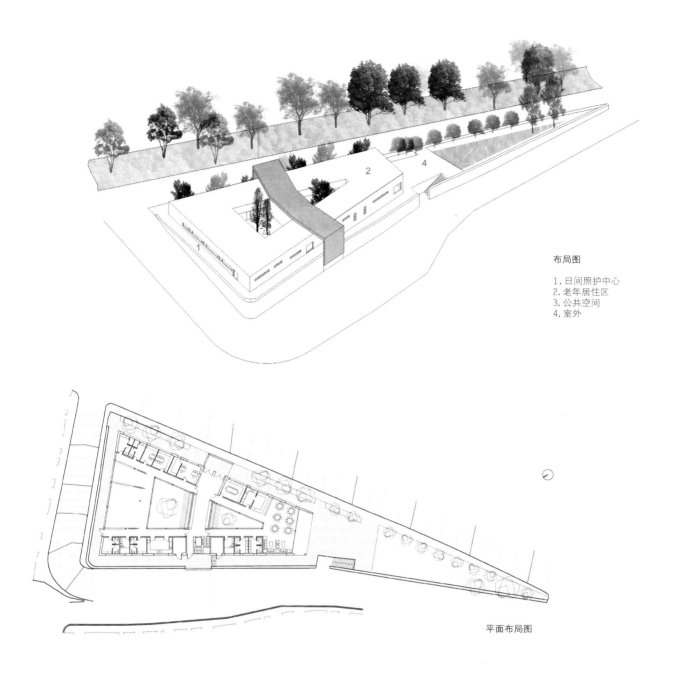

布局图

1. 日间照护中心
2. 老年居住区
3. 公共空间
4. 室外

平面布局图

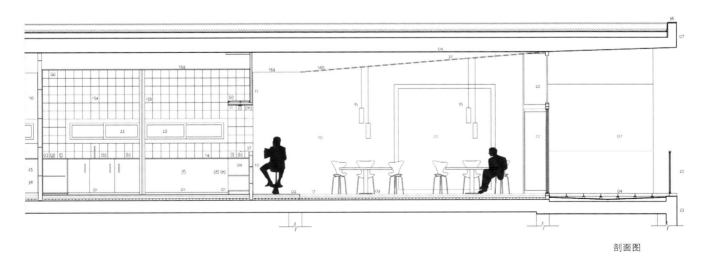

剖面图

苏州阳山敬老院

如何建造一个相互连通的有机整体

类别: 养老院 地点: 中国，苏州 设计: 九城都市建筑设计有限公司 摄影: 姚力
客户: 江苏省苏州浒墅关经济开发区管理委员会 占地面积: 1,600平方米 建筑面积: 26,500平方米(地下: 3,000平方米)

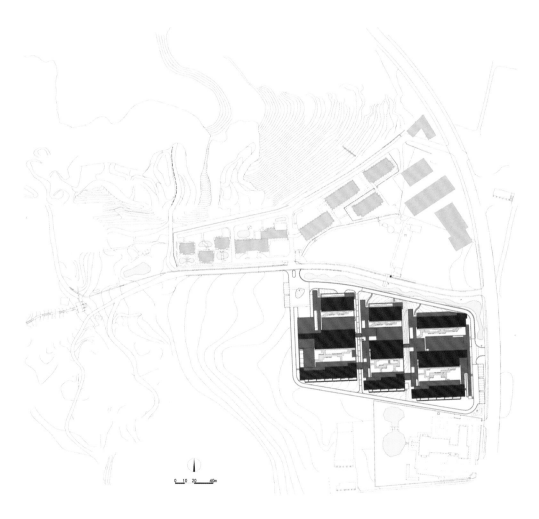

总平面图

项目背景

阳山敬老院位于苏州高新区大阳山国家森林公园阳山东麓、山神弯路西侧，北侧原有的阳山护理院与晚晴山庄也是养老类建筑，新建的阳山敬老院与北侧建筑之间有一条上山的小路相隔，在功能类型上实际上是北侧原有建筑的进一步扩展与补充。

设计策略

基地南、北、西侧都有非常好的森林植被，地形特点西高东低，平均高差约8米左右。建筑设计顺应地形，三组院落垂直于高差方向作退台布置，建筑层高为3900mm，二次退台后正好能保证楼层间高度上的平接。总建筑面积地上为2.65万平方米，共三种居住类型，38平方米的基本间63间，47平方米的小套间99间，78平方米的家庭套间54户，共计216个居住单元。

建筑有两个主入口，一个位于主"街道"的东侧，
直接面向山神弯路；一个位于主"街道"的西侧，
面向北侧开口，和北侧原有建筑的入口相对应。

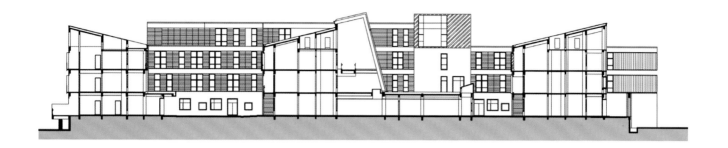

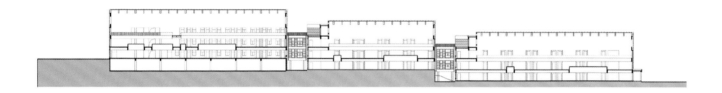

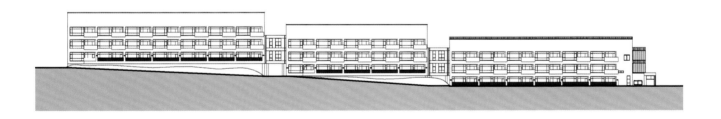

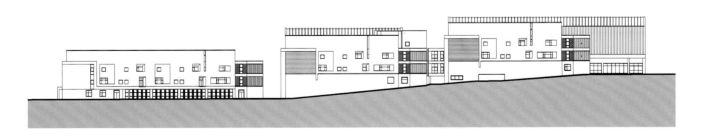

立面图

建筑高度三层，掩映在绿树丛中，空间尺度亲切宜人，建筑的基本风格是以黑瓦白墙为主，呈现着江南建筑特有的传统气质，但在局部的细节与构件上进行色彩的跳跃与点缀，沉稳中有活泼，暮年时还俏皮，洋溢着一种晚年时的"青春"色彩；除了色彩上尝试之外，建筑外墙也一改江南建筑原有素雅单纯的白色基调，加进了毛石、U玻、杉木等多种材质，亲切、丰富的建筑表情，传递出建筑的温暖情怀。

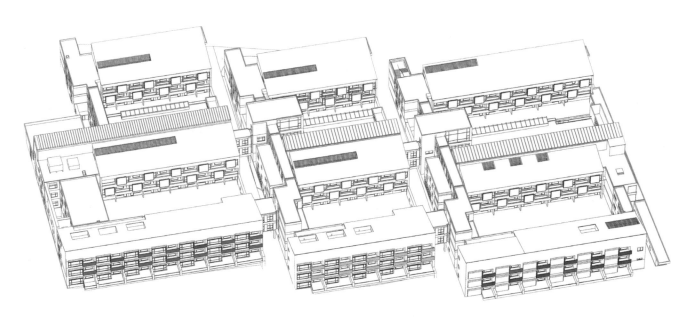

南向轴测图

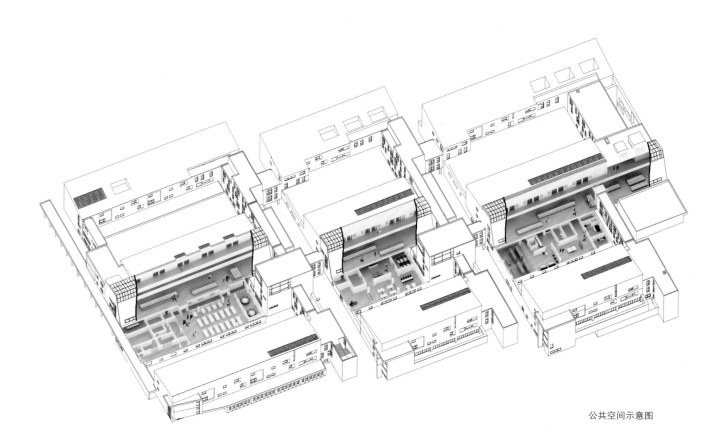

公共空间示意图

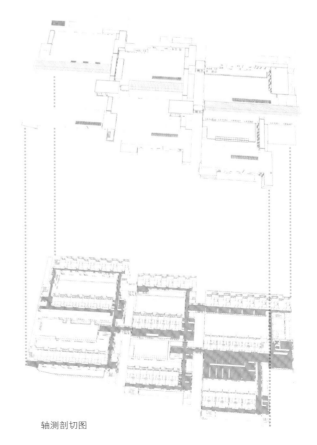

三组院落通过加宽的"街巷"和放大的交通节点连成有机的整体，内置了6条东西、南北不同方向的"街""巷"空间，以满足并强化老人们的公共活动和彼此交流。位于中间的东西向公共空间在尺度与形式上都着墨较重，是6条"街""巷"中的"主街"，所有公共性功能，如门厅、邮局、银行、超市、棋牌、健身、展览、培训、餐厅等都沿着"主街"布置，以空间引导活动，以活动丰富空间。

轴测剖切图

1. 门厅
2. 活动区
3. 护理站
4. 餐厅
5. 厨房
6. 备餐区
7. A 户型
8. C 户型
9. 办公室
10. 卫生间
11. 庭院

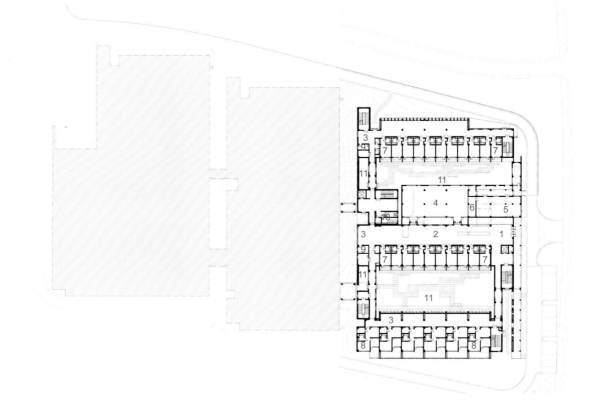

A 区二层（C 区负一层、
B 区一层）

1. 护理站
2. 开敞阅览区
3. 活动室
4. 健身
5. 交流区
6. A 户型
7. B 户型
8. C 户型
9. 办公室
10. 卫生间
11. 庭院
12. 庭院上空
13. 景观平台
14. 车库
15. 消防控制室

A区三层（B区二层、
C区一层）

1. 汽车出入口
2. 入口广场
3. 门厅
4. 护理站
5. 书画培训室
6. 展览
7. 健身
8. 交流区
9. 预览区
10. 理发
11. 超市
12. 银行
13. 邮局
14. A 户型
15. B 户型
16. C 户型
17. 办公室
18. 卫生间
19. 庭院
20. 庭院上空
21. 观景平台

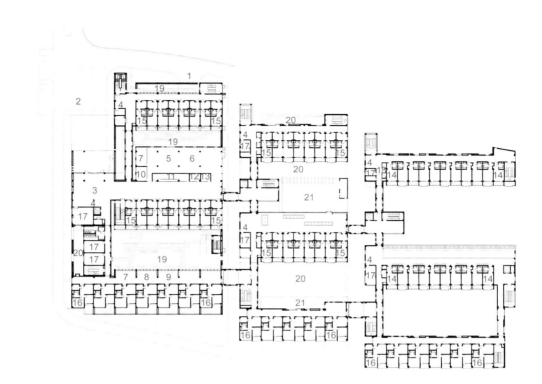

A区四层（C区二层、
B区三层）

1. 护理站
2. B 户型
3. C 户型
4. 办公室
5. 休息室
6. 卫生间
7. 庭院上空
8. 观景平台

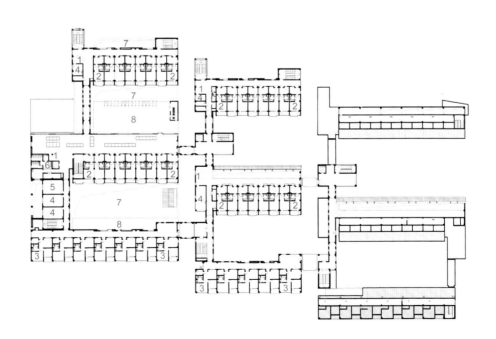

由于像苏州这样的江南地区，目前还是习惯于
主要卧室朝南，设计通过在部分一层的功能房
间上开设屋面天窗——向南开设顶部天窗，将
阳光引入到北向的公共空间中，同时，在二楼
的楼板上开有多处洞口，这样顶部的阳光穿过
三层与二层后，可进一步洒向一层的公共通道。

泗水养老综合体

如何打造一个集生活照料、康复护理、医疗保健、精神文化等多种功能的养老综合体

类别：养老综合体 地点：中国，沈阳 设计：北京维拓时代建筑设计有限公司 建筑面积：31.82 万平方米

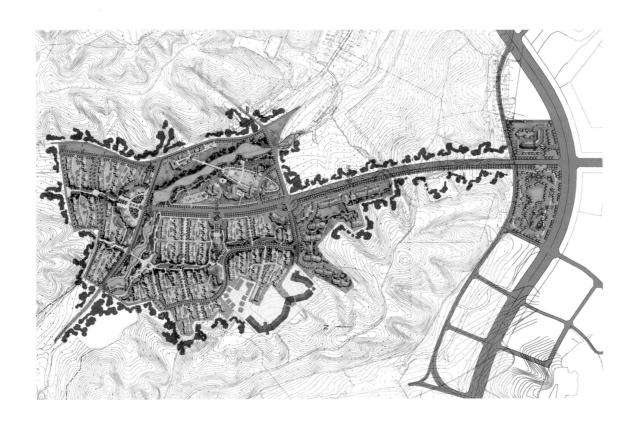

总平面图

项目背景

沈阳棋盘山祝家沟，地处沈阳市东北部，距沈阳市区约 20 千米。棋盘山地区是全国著名的自然风景区，环境优美，植被茂盛，为集养老、养生、医疗、度假为一体的综合健康社区建设提供了良好的自然条件。

合众人寿力求通过提供包括活跃老人社区、CCRC 社区、旅游度假和康复养生园以及各种相关老年配套服务设施，定位于打造一个能够为老年人提供全方位服务的辽宁省"合众健康谷"。

设计策略

项目位置幽静，环境优美，设计考虑整体形象与自然景观的呼应关系，建筑造型以古朴典雅的英式风格为主调，以期与自然的山地地形相协调。公建配套集中在市镇中心组团和护理组团，可为居民提供完善的生活和护理服务，建筑内部与社区道路都进行了无障碍设计，方便老年人出行。

项目整体分为四块相对独立的社区，即北侧的中密度活跃老人社区组团西侧的中密度活跃老人社区，南侧的 CCRC 护理组团以及东侧的市镇中心组团。其规模在国内已属于大型养老社区，功能规划已经从简单的生活娱乐到专业的度假、养生和旅游休闲。同时医院也是全国顶级的医疗配置。项目已经跳脱了传统的养老产品，能够全方位的覆盖三类客群——退休型、疗养型、旅游度假型，并能通过合众品牌优势，结合合众全国各地同类项目的交流转换，跳脱区域市场，吸引全国的养老客户。

交通规划

各组团内部规划有三级道路系统，即主要机动车道路、宅间道路和连接主要机动车道路和宅间路的中间级道路。考虑到沈阳冬季寒冷多雨雪的气候，各道路的纵向坡度都控制在5%以内，以确保冬季出行安全。

景观规划

景观规划借助现有地形和水系设计两个主要的景观花园，即北侧泗水河滨河景观和社区中心景观，通过一条30米宽的景观轴线进行串联，加上地形原有的竖向变化，最终达到很好的山地景观效果。

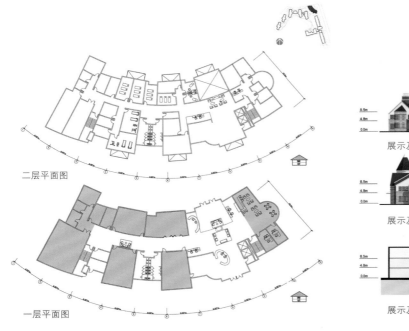

二层平面图

一层平面图

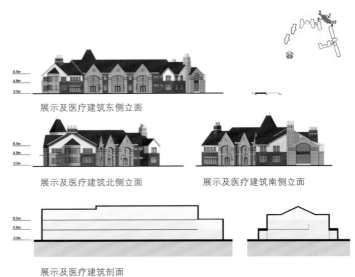

8.5m
4.8m
0.0m

展示及医疗建筑东侧立面

8.5m
4.8m
0.0m

展示及医疗建筑北侧立面

展示及医疗建筑南侧立面

8.5m
4.8m
0.0m

展示及医疗建筑剖面

· 节地与室外环境

本项目采用多层布局，尽量避免大体量的建筑单体，使建筑喧宾夺主。同时，在项目周边保持和维护良好的自然植被，改善社区内部微气候的同时保护了自然环境。

· 节能与能源利用

社区道路及庭院照明采用太阳能光电池。电梯采用节能型无机房电梯及无级调速碟式电机，占地少，运行耗电少。

建筑外层采用保温围护结构，包括墙体复合外保温层和节能门窗，达到 65% 节能要求。

· 节水与水资源利用

项目充分利用雨水收集、调蓄、改善微地气候，营造人工湿地景观水岸。在条件允许的地方采用毛管渗滤技术，促进雨水回补地下。建筑内采用节水器具。

· 节材与材料资源利用

这一设计大量采用绿色建材，包括天然建材、地方材料、无污染建材和再生建材。

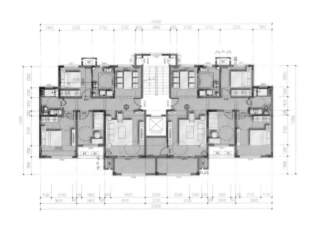

一梯两户标准层平面图

一梯三户标准层平面图

一梯四户标准层平面图

一梯四户标准层平面图

协助护理楼平面图

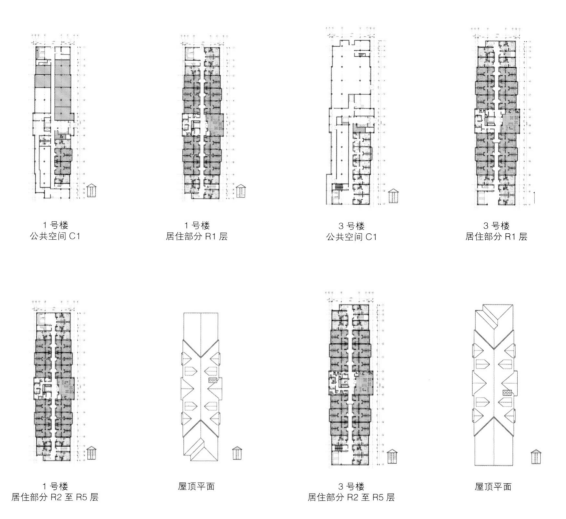

1 号楼
公共空间 C1

1 号楼
居住部分 R1 层

3 号楼
公共空间 C1

3 号楼
居住部分 R1 层

1 号楼
居住部分 R2 至 R5 层

屋顶平面

3 号楼
居住部分 R2 至 R5 层

屋顶平面

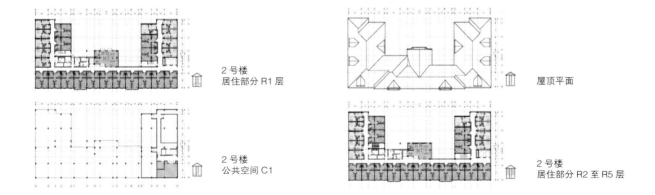

2 号楼
居住部分 R1 层

屋顶平面

2 号楼
公共空间 C1

2 号楼
居住部分 R2 至 R5 层

隽悦

如何探索老年住宅新模式

———

类别：老人之家 地点：中国，香港 设计：吕元祥建筑师事务所 委托人：香港房屋协会 摄影：姚力
占地面积：7,150 平方米 建筑面积：57,000 平方米

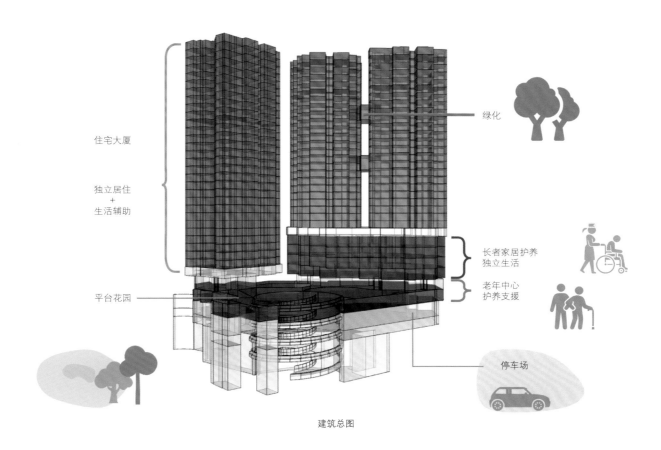

住宅大厦

独立居住
＋
生活辅助

平台花园

绿化

长者家居护养
独立生活

老年中心
护养支援

停车场

建筑总图

项目背景

隽悦是香港房屋协会长者住屋计划其中的一所屋苑，共有 3 座大厦，提供 588 个住宅单位，包括开放式、一房、两房及三房单位，所有单位只租不卖，住户缴付租住权费后可终身入住。除了普通长者自主住宅单元外，在两栋大厦的低层部分更设有特别护理居住单元，提供约 102 个护理床位，供不能自理生活的老年人居住。

设计策略

为提供悠然逸乐的生活环境、专业的养生医护服务以及精彩的社交活动，建筑师在三栋大厦的裙房部分，特别设计各项设施，包括由养和医院运营的医疗中心、健身康复设施、儿童游戏、餐厅、图书馆、中医及理疗室以及屋顶平台花园。项目占地仅 7,150 平方米，但是通过将各项功能和设施在垂直方向上合理布局，并充分利用空间在不同层面设置绿化花园，使隽悦依然能够在密集的市区，为老人创造一个安全、方便、舒适、温馨的居所。

建筑师在设计隽悦时，就实践了以下的一些策略。

私人与社交空间
退休后社会角色的突然改变往往为老年人带来不安，社交生活能令他们保持与社会及小区的联系，缓解从工作中退下来的孤单感。另一方面，由于身体老化而需要旁人的照顾与支持，也会令他们年轻时享有的私人空间受到某程度上的减少。在保障老年人安全的前提下，隽悦

设有很多公共空间，如在楼与楼之间设有互通的天桥，便于他们穿越各楼层，也增加他们相遇的机会，尽量让他们享有私人安静的空间，同时透过便利的社交空间满足他们心理上的需要，例如希望有人陪伴，或希望参与社会活动时能够轻易融入社群之中。

舒适称心的环境
老年人对周遭环境的刺激如噪声及强烈的视觉对比往往比较敏感。社会角色转变与身体老化

常带来不安全感，这也使他们需要一个舒适及可预料的环境。隽悦使用了天然物料如木材以及较柔和的暖色调营造一个舒适而温暖的环境，减低对老年人的刺激以及孤单感。另外，天然日照、通风以及绿化不但有利于改善室内的卫生，而且接近自然环境也会使老年人感觉安宁与舒畅。因此，隽悦尽可能让老年人接触室外绿化空间，而室内尽量引入自然光和通风，会对他们的舒适感有所提升。

简明的家居标志

为了提高老年人对家居环境的认知度以及方便他们了解环境的变化，隽悦的居室内外的指示性标志都简单而明确。例如，每个楼层的数字或逃生出口等标志采用较大的字体和明显的颜色，以便视觉因老花或疾病而退化的老年人快速辨认。大门的窥视孔可以设于站立高度和轮椅高度，这样老年人无论双腿机能处于哪个阶段都能方便认清来访者。在走廊或玄关处可设置嵌入式感光夜视灯，老年人在晚间无须寻找开关就能看清地面的状况，柔和的灯光也不会对睡眠造成干扰。其他安全设备，如烟雾传感器和火警钟也额外加设在每个住宅单位内，让听力退化的老年人，不会因为听不到警报声而错失逃生的时机。

平面细节图

1. 轮椅使用者: 最大高度 & 台面以上高度
   （0.8 米）& 微波炉高度（小于 1.3 米）
2. 手臂伸直高度（1.715 米）
3. 手臂倾斜（60 度）垂直高度（1.595 米）
4. 手臂前伸（30 度）垂直高度（1.410 米）
5. 肩膀高度（1.035 米）
6. 烟雾探测器
7. 运动检测器
8. 插座高度 0.95 米（距离地面），方便轮椅使
   用者使用

9. 警报响铃
10. 进深 0.35 米凸窗，方便轮椅使用者
11. 双侧均可上床，避免打扰他人
12. 带制动器 / 锁手推车，方便轮椅使用者进出
13. 双向紧急推拉门
14. 开放式卫生隔间，方便进出，安装有扶手栏杆、
    急救按钮，应对湿滑地面带来的危险
15. 内置夜灯
16. 双重安全监控系统

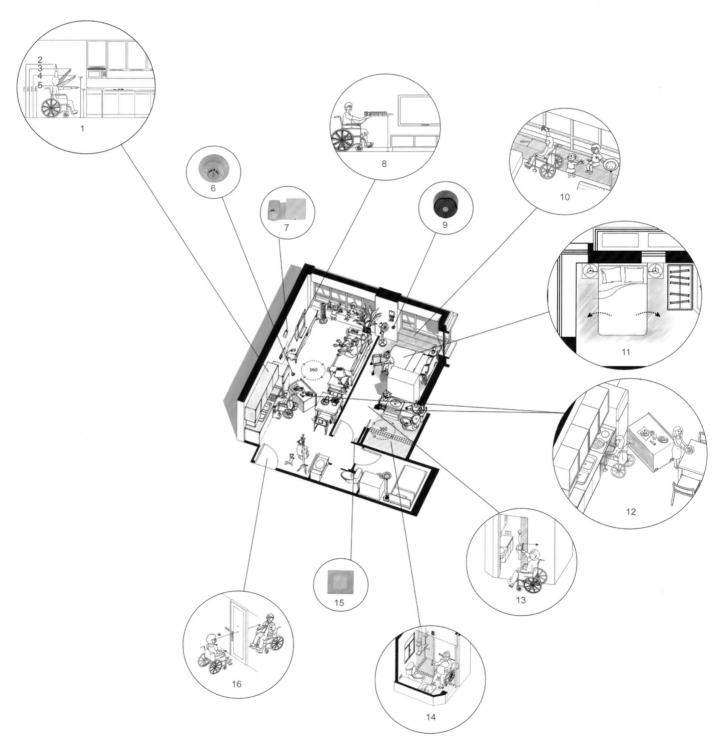

畅通的急救通道

一旦出现家居意外或突发病变，对于老年人的身体状况有可能造成非常严重的影响，必须尽快交由医疗机构或医护人员处理，所以从家居送达到医院的时间应该尽量缩短。基于这一点，隽悦的居室内的浴室以及厕所等老年人独处的空间，设置了可以在紧急状况下开启的趟门，在突发情况可以进入房间而不会触碰到倒地或昏迷的老年人。住宅的大堂和电梯特大，能容纳活动式病床或担架，需要急救的老年人无论处于躺卧或者乘坐轮椅的状态也可直接通过电梯和大堂进入救护车。为在意外或突发状况发生后尽快将病者送到医院，隽悦设有便捷的救护车通道以及上落点。

家居便利与安全

老年住宅的设计应该为老年人的生活提供支持，使他们即使身体机能退化后仍然能够方便地完成大部分的居家活动，而且防止家居意外的发生。由于老年人肌肉力量的不足，生活中往往需要额外的辅助支撑，因此建筑师在隽悦的在公共空间通道上的墙壁设置站立或轮椅高度的扶手，让老年人行走或乘坐轮椅时可以借力或支撑。在电梯内更设置有座位，让老年人在疲劳时能以坐下休息，减少因疲累而跌倒的危险。另外，一部分老年人因腿脚不便，可能需要短期或长期使用轮椅，故此住宅的设计也为轮椅使用者提供特殊的照顾。例如，一般家具的尺度都需要因应轮椅的高度而调整，橱柜台面的高度应下调至 0.8 米，而微波炉及吊柜应在 1.3 米以下。

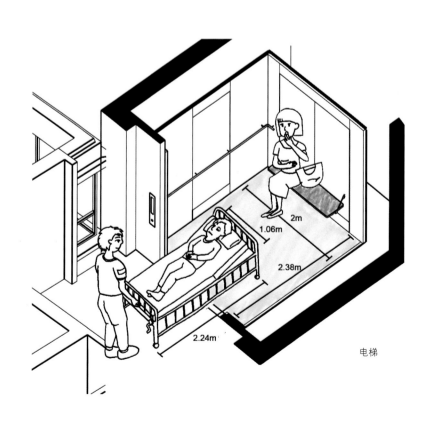

电梯

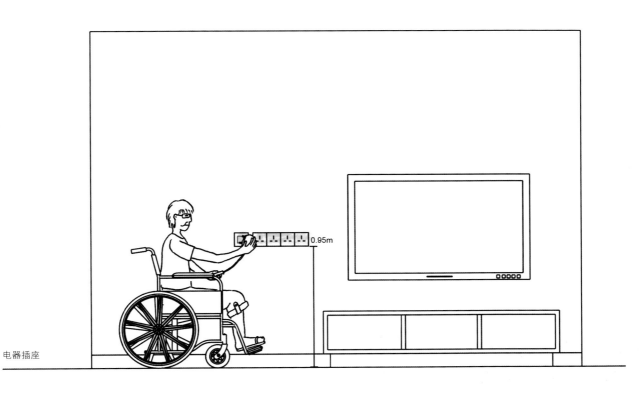

电器插座

0.95m

高槻太阳城

如何创建西式与日式相融合的老年护理生活社区

类别：退休社区（24 个辅助生活单元、91 个独立生活单元以及 68 个专科护理 / 痴呆单元） 地点：日本，高槻
设计：珀金斯·伊士曼（Perkins Eastman） 摄影：崔琪 客户：超越半世纪（Half Century More）
占地面积：5,109.5 平方米 建筑面积：15,793 平方米

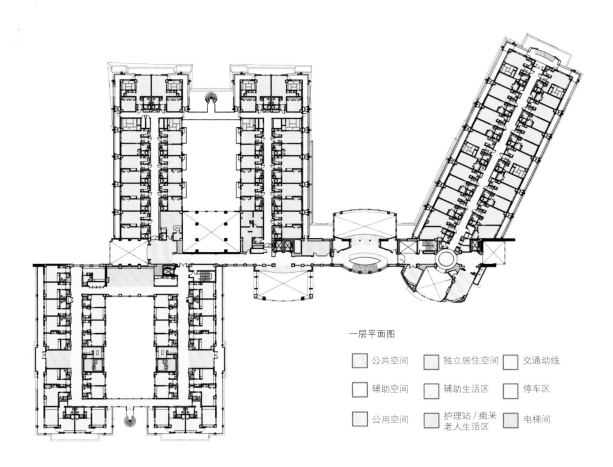

一层平面图

☐ 公共空间　　☐ 独立居住空间　　☐ 交通动线

☐ 辅助空间　　☐ 辅助生活区　　☐ 停车区

☐ 公用空间　　☐ 护理站 / 痴呆
　　　　　　　　　老人生活区　　☐ 电梯间

项目背景

珀金斯·伊士曼参与设计日本第一批多户型退休社区。对于一个没有
养老院传统的国家而言，高槻太阳城为应对老龄化挑战、帮助老人适
应退休生活，创建了新模式。开发商看到日本人口快速老龄化的现状，
以及老年人对友好环境服务的需求，在大板高消费水平的郊区设计养
老院，将西式与日式相融合，提供高级度假村规格体验的当代居住环境。
南侧建筑呈曲线造型，建筑边缘进行软化处理。夜晚，通透而明亮的
建筑犹如发光的日式灯笼。

设计策略

建筑设计的理念是构建"四层街道"的小型社区群落，以美国"集群
设计"为基础，并将其转化为家庭基础模式。无论是独立生活区域还
是护理生活区域，住户都可以与 10 ~ 15 个街坊邻里分享日常。每个
小型社区内包括传统日式榻榻米房间、两间大型点餐式餐厅、私人餐厅、
理发 / 美容沙龙、图书馆和两层的娱乐沙龙 / 休息室。居民生活区内的
设施包括大型家庭厨房、花园露台和传统的日式洗浴中心，使居民得
以在更为私密的空间中放松、交流。独立生活区内的两居户型带有日
式传统榻榻米房间，这也是设计的特色之一。

宜人的自然风景中，巧妙融入了美丽的花园、
观景平台、私人庭院以及可供居民种植花卉与
蔬菜的园艺区。居民可以在室内庭院中自由漫
步，安静而安全。路边舒适的长椅、植物、雕
塑，为社交、身体锻炼、精神放松营造氛围。
凉亭入口与建筑正面，悬挂金属与玻璃结构。
便利的环路直接通达街口，以热情的姿态吸引
当今的日本老年人。

室内庭院为阿尔兹海默症患者提供了宁静而安
全的漫步环境。

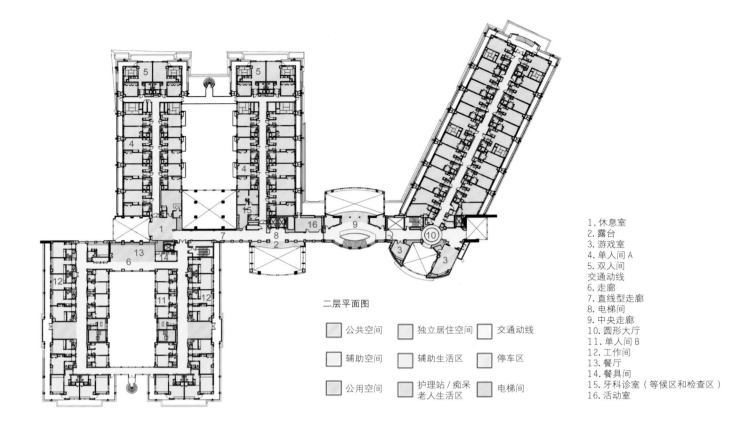

二层平面图

☐ 公共空间		☐ 独立居住空间		☐ 交通动线
☐ 辅助空间		☐ 辅助生活区		☐ 停车区
☐ 公用空间		☐ 护理站／痴呆老人生活区		☐ 电梯间

1. 休息室
2. 露台
3. 游戏室
4. 单人间 A
5. 双人间
交通动线
6. 走廊
7. 直线型走廊
8. 电梯间
9. 中央走廊
10. 圆形大厅
11. 单人间 B
12. 工作间
13. 餐厅
14. 餐具间
15. 牙科诊室（等候区和检查区）
16. 活动室

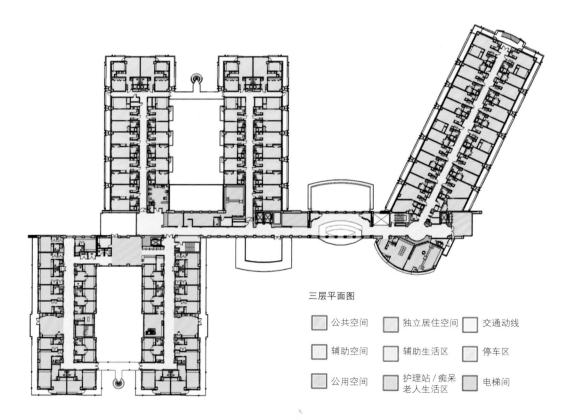

三层平面图

☐ 公共空间		☐ 独立居住空间		☐ 交通动线
☐ 辅助空间		☐ 辅助生活区		☐ 停车区
☐ 公用空间		☐ 护理站／痴呆老人生活区		☐ 电梯间

大堂区设有酒店风格的服务台，映入眼帘的是定制的木质与铁艺楼梯，构成一个 4 层的椭圆形开口。楼梯扶手以及作为装饰而定制设计的铁质枝形吊灯融合了日本灌木的三叶草图案。二层为辅助生活与独立生活公寓。传统的私人日式榻榻米地板房使两居室的独立生活单元独居特色。

三层有独立生活公寓与痴呆护理单元，直通屋顶露台。

居民可以选择休闲餐，也可选用正餐，两种服务均提供点餐服务。私人餐厅可用来与家人和朋友聚会宴请。居民生活区内的设施包括大型家庭厨房、花园露台和传统的日本 Ofuros（洗浴），使居民得以在更为私密的空间中放松、交流。图书馆位于建筑内部的"主要街道"，为居民提供社交、阅读和放松的公共场所。深色榆木和云母板调节光线，为花园休息室营造轻松而温馨的氛围。休息室可欣赏山景，同时提供多种座位选择，开启了日本传统花园的当代版本。

索 引